2.1.3 日出与日落

2.2.3 立体相框

2.4 课堂练习 锯头的快慢处理

2.5 课后习题 倒放处理

食集锦

3.3 课堂练习 海上乐园

4.3.3 脱色特效

4.3.5 锯像效果

3.4 课后习题 激情运动

4.3.9 彩色浮雕效果

4.4 课堂练习 局部马赛克

4.5 课后习题 夏日骄阳

5.1.3 水墨画

5.2.2 抠像效果

5.3 课堂练习 单色保留

5.4 课后习题 颜色替换

6.3.3 梦幻工厂

6.5 课堂练习 影视播报

6.6 课后习题 节目片头

7.5.3 声音的变调与变速

7.8 课堂练习 音频的剪辑

7.9 课后习题 音频的调节

9.1 制作节目片头包装

9.2 制作自然风光欣赏

9.3 制作栏目包装

9.4 课堂练习 制作壮丽山河片头

9.5 课后习题 制作动物栏目片头

10.1 制作旅行相册

10.2 制作自然风光相册

10.3 制作城市夜景相册

10.4 课堂练习 制作日记相册

10.5 课后习题 制作糕点相册

11.1 制作自然风光纪录片

11.2 制作车展纪录片

11.3 制作信息时代纪录片

11.4 课堂练习 制作自行车手记录片

12.1 制作电视机广告

12.2 制作摄像机广告

12.3 制作汉堡广告

12.4 课堂练习 制作橙汁广告

13.1 制作天气预报节目　　　　13.2 制作世博会节目　　　　13.3 制作烹饪节目

13.4 课堂练习 制作环球博览节目　　　　13.5 课后习题 制作花卉赏析节目

14.1 制作歌曲 MV　　　　14.2 制作卡拉 OK

14.3 课堂练习 制作儿歌 MV　　　　14.4 课后习题 制作英文诗歌

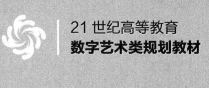

21 世纪高等教育
数字艺术类规划教材

非线性影视编辑
基础与应用教程
（Premiere Pro CS5）

温斯琴 ◎ 主编
陈殿超 ◎ 副主编

人民邮电出版社

北 京

图书在版编目（CIP）数据

非线性影视编辑基础与应用教程：Premiere Pro
CS5 / 温斯琴主编. -- 北京：人民邮电出版社，2013.5（2024.7重印）
21世纪高等教育数字艺术类规划教材
ISBN 978-7-115-31295-2

Ⅰ. ①非… Ⅱ. ①温… Ⅲ. ①视频编辑软件－高等学
校－教材 Ⅳ. ①TN94

中国版本图书馆CIP数据核字(2013)第066676号

内 容 提 要

  Premiere Pro 是影视编辑领域最流行的软件之一。本书对 Premiere Pro CS5 的基本操作方法、影视编辑技巧及该软件在各个影视编辑中的应用进行了全面的讲解。

  全书分为上下两篇：上篇基础篇介绍了 Premiere Pro CS5 基础、影视剪辑技术、视频转场效果、视频特效应用、调色与抠像、字幕的应用、加入音频效果、文件输出；下篇应用篇介绍了 Premiere Pro CS5 在影视编辑中的应用，包括制作电视节目包装、制作电子相册、制作电视纪录片、制作电视广告、制作电视节目和制作音乐 MV。

  本书适合作为本科院校数字媒体艺术类专业 Premiere Pro 课程的教材，也可供相关人员自学参考。

◆ 主　编　温斯琴
  副 主 编　陈殿超
  责任编辑　李海涛

◆ 人民邮电出版社出版发行　北京市丰台区成寿寺路 11 号
 邮编　100164　电子邮件　315@ptpress.com.cn
 网址　http://www.ptpress.com.cn
 北京九州迅驰传媒文化有限公司印刷

◆ 开本：787×1092　1/16
 印张：19.25　　　　　　　2013 年 5 月第 1 版
 字数：566 千字　　　　　2024 年 7 月北京第 18 次印刷

ISBN 978-7-115-31295-2

定价：49.80 元（附光盘）

读者服务热线：(010)81055256　印装质量热线：(010)81055316
反盗版热线：(010)81055315
广告经营许可证：京东市监广登字 20170147 号

前言
PREFACE

Premiere Pro 是由 Adobe 公司开发的影视编辑软件，它功能强大、易学易用，深受广大影视制作爱好者和影视后期编辑人员的喜爱，已经成为这一领域最流行的软件之一。目前，我国很多本科院校和培训机构的艺术专业，都将 Premiere Pro 作为一门重要的专业课程。为了帮助本科院校的教师全面、系统地讲授这门课程，使学生能够熟练地使用 Premiere Pro 来进行影视编辑制作，我们几位长期在本科院校从事 Premiere Pro 教学的教师和专业影视制作公司中经验丰富的设计师合作，共同编写了本书。

本书具有完善的知识结构体系。在基础篇中，按照"软件功能解析—课堂案例—课堂练习—课后习题"这一思路进行编排，通过软件功能解析，使学生熟练掌握软件功能并领会其制作特色；力求通过课堂案例演练，使学生快速熟悉软件功能和影视编辑制作的设计思路；通过课堂练习和课后习题，拓展学生的实际应用能力。在应用篇中，根据 Premiere Pro 在影视编辑处理中的应用，精心安排了专业设计公司的 29 个精彩实例，通过对这些案例进行全面的分析和详细的讲解，加强学生的实践能力，使其思维更加开阔，实际设计水平不断提升。在内容编写方面，我们力求细致全面、突出重点；在文字叙述方面，我们注重言简意赅、通俗易懂；在案例选取方面，我们强调案例的针对性和实用性。

本书配套光盘中包含了书中所有案例的素材及效果文件。另外，为方便教师教学，本书配备了详尽的课堂练习和课后习题的操作步骤以及 PPT 课件、教学大纲等丰富的教学资源，任课教师可登录人民邮电出版社教学服务与资源网（www.ptpedu.com.cn）免费下载使用。本书的参考学时为 41 学时，其中实践环节为 16 学时，各章的参考学时可以参见下面的学时分配表。

章　节	课程内容	学 时 分 配	
		讲　授	实　训
第1章	Premiere Pro CS5 基础	1	
第2章	Premiere Pro CS5 影视剪辑技术	2	1
第3章	视频转场效果	1	1
第4章	视频特效应用	3	1
第5章	调色与抠像	2	1
第6章	字幕的应用	1	1
第7章	加入音频效果	1	1
第8章	文件输出	1	
第9章	制作电视节目包装	2	1
第10章	制作电子相册	2	1
第11章	制作电视纪录片	3	2
第12章	制作电视广告	2	2
第13章	制作电视节目	3	2
第14章	制作音乐 MV	1	2
课 时 总 计		25	16

本书由温斯琴任主编，陈殿超任副主编，参加编写工作的还有孙清伟。

由于编者水平有限，书中难免存在错误和不妥之处，敬请广大读者批评指正。

编　者

2013 年 1 月

上篇　基础篇　　　　　　　　Part One

非线性影视编辑基础与应用教程

（Premiere Pro CS5）

Part

One

上篇

基础篇

1 Chapter

第 1 章
Premiere Pro CS5 基础

本章对 Premiere Pro CS5 的概况、基本操作进行了详细的讲解。读者通过对本章的学习，可以快速了解并掌握 Premiere Pro CS5 的入门知识，为后续章节的学习打下坚实的基础。

课堂学习目标

- Premiere Pro CS5 概述
- Premiere Pro CS5 基本操作

1.1 Premiere Pro CS5 概述

初学 Premiere Pro CS5 的读者在启动 Premiere Pro CS5 后，可能会对工作窗口或面板感到束手无策。本节将对用户的操作界面、"项目"面板、"时间线"面板、"监视器"面板和其他功能面板进行详细的讲解。

1.1.1 认识用户操作界面

Premiere Pro CS5用户操作界面如图1-1所示，从图中可以看出，Premiere Pro CS5 的用户操作界面由标题栏、菜单栏、"项目"面板、"源"/"特效控制台"/"调音台"面板组、"节目"面板、"历史"/"信息"/"效果"面板组、"时间线"面板、"音频控制"面板和"工具"面板等组成。

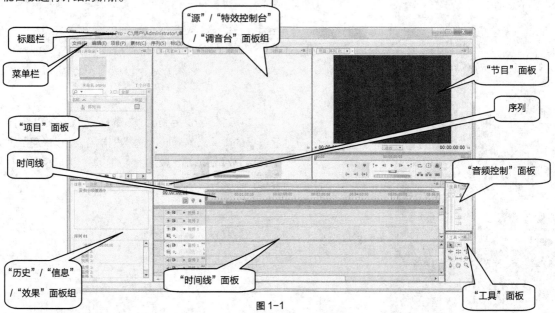

图 1-1

1.1.2 熟悉"项目"面板

"项目"面板主要用于输入、组织和存放供"时间线"面板编辑合成的原始素材，如图1-2所示。该面板主要由素材预览区、素材目录栏和面板工具栏3部分组成。

图 1-2

在素材预览区，用户可预览选中的原始素材，同时还可查看素材的基本属性，如素材的名称、媒体格式、视音频信息、数据量等。

在"项目"面板下方的工具栏中共有7个功能按钮，从左至右分别为"列表视图"按钮、"图标视图"按钮、"自动匹配序列"按钮、"查找"按钮、"新建文件夹"按钮、"新建分项"按钮和"清除"按钮。各按钮的含义如下。

"列表视图"按钮：单击此按钮，可以将素材窗中的素材以列表形式显示。

"图标视图"按钮：单击此按钮，可以将素材窗中的素材以图标形式显示。

"自动匹配序列"按钮：单击此按钮，可以将素材自动调整到时间线。

"查找"按钮 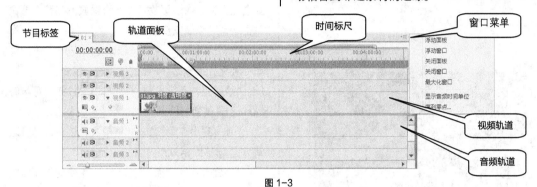：单击此按钮，可以按提示快速查找素材。

"新建文件夹"按钮：单击此按钮，可以新建文件夹以便管理素材。

"新建分项"按钮：分类文件中包含多项不同素材的名称文件，单击此按钮，可以为素材添加分类，以便更有序地进行管理。

"清除"按钮：选中不需要的文件，单击此按钮，即可将其删除。

1.1.3　认识"时间线"面板

"时间线"面板是 Premiere Pro CS5 的核心部分，在编辑影片的过程中，大部分工作都是在"时间线"面板中完成的。通过"时间线"面板，可以轻松地实现对素材的剪辑、插入、复制、粘贴和修整等操作，如图 1-3 所示。

"吸附"按钮：单击此按钮可以启动吸附功能，这时在"时间线"面板中拖动素材，素材将自动粘合到邻近素材的边缘。

图 1-3

"设置 Encore 章节标记"按钮：用于设定 Encore 主菜单标记。

"切换轨道输出"按钮：单击此按钮，设置是否在监视窗口显示该影片。

"切换轨道输出"按钮：激活该按钮，可以播放声音，反之则是静音。

"轨道锁定开关"按钮：单击该按钮，当按钮变成 状时，当前轨道被锁定，处于不能编辑状态；当按钮变成 状时，可以编辑操作该轨道。

"折叠−展开轨道"按钮：隐藏/展开视频轨道工具栏或音频轨道工具栏。

"设置显示样式"按钮：单击此按钮，将弹出下拉菜单，在此下拉菜单中可选择显示的命令。

"显示关键帧"按钮：单击此按钮，选择显示当前关键帧的方式。

"设置显示样式"按钮：单击该按钮，弹出下拉菜单，在菜单中可以根据需要对音频轨道素材的显示方式进行选择。

"转到下一个关键帧"按钮：设置时间指针，将其定位在被选素材轨道上的下一个关键帧上。

"添加−移除关键帧"按钮：在时间指针所处的位置上，在轨道中被选素材的当前位置上添加/

移除关键帧。

"转到前一个关键帧"按钮：设置时间指针，将其定位在被选素材轨道上的上一个关键帧上。

滑块：放大/缩小音频轨道中关键帧的显示程度。

"设置未编号标记"按钮：单击此按钮，在当前帧的位置上设置标记。

时间码 00:00:00:00 ：在这里显示播放影片的进度。

节目标签：单击相应的标签可以在不同的节目间相互切换。

轨道面板：对轨道的退缩和锁定等参数进行设置。

时间标尺：对剪辑的组进行时间定位。

窗口菜单：对时间单位及剪辑参数进行设置。

视频轨道：为影片进行视频剪辑的轨道。

音频轨道：为影片进行音频剪辑的轨道。

1.1.4　认识"监视器"面板

监视器窗口分为"源素材"窗口和"节目"窗口，分别如图 1-4 和图 1-5 所示，所有编辑或未编辑的影片片段都在此显示效果。

图 1-4

图 1-5

"设置入点"按钮▲：设置当前影片位置的起始点。

"设置出点"按钮▲：设置当前影片位置的结束点。

"设置未编号标记"按钮♥：设置影片片段未编号标记。

"跳转到前一个标记"按钮♦←：调整时差滑块到当前位置的前一个标记处。

"步退"按钮◄I：此按钮是对素材进行逐帧倒播的控制按钮，每单击一次该按钮，播放就会后退1帧，按住<Shift>键的同时单击此按钮，每次后退5帧。

"播放-停止切换"按钮▶/■：控制监视器窗口中的素材播放时，单击此按钮，会从监视窗口中的时间标记♥的当前位置开始播放；在"节目"监视器窗口中，在播放时按<J>键可以进行倒播。

"步进"按钮I▶：此按钮是对素材进行逐帧播

放的控制按钮。每单击一次该按钮，播放就会前进1帧，按住<Shift>键的同时单击此按钮，每次前进5帧。

"跳转到下一个标记"按钮→♥：调整时差滑块到当前位置的下一个标记处。

"循环"按钮▢：控制循环播放的按钮。单击此按钮，监视窗口就会不断循环播放素材，直至按下停止按钮。

"安全框"按钮▢：单击该按钮，为影片设置安全边界线，以防影片画面太大播放不完整，再次单击之，可隐藏安全线。

"输出"按钮▧：单击此按钮，可在弹出的菜单中对导出的形式和导出的质量进行设置。

"跳转到入点"按钮I←：单击此按钮，可将时间标记♥移到起始点位置。

"跳转到出点"按钮→I：单击此按钮，可将时间标记♥移到结束点位置。

"播放入点到出点"按钮◄I►：单击此按钮播放素材时，只在定义的入点到出点之间播放素材。

"飞梭"■■■■■■■■■■■■：在播放影片时，拖曳中间的滑块，可以改变影片的播放速度，滑块离中心点越近，播放速度越慢；反之则越快。向左拖曳将倒放影片，向右拖曳将正播影片。

"微调"■■■■■■■■■■■■：将鼠标指针移动到它的上面，单击并按住鼠标左右拖曳，可以仔细地搜索影片中的某个片段。

"插入"按钮▦：单击此按钮，当插入一段影片时，重叠的片段将后移。

"覆盖"按钮▣：单击此按钮，当插入一段影片时，重叠的片段将被覆盖。

"跳转到前一个编辑点"按钮◄I：表示到同一轨道上当前编辑点的前一个编辑点。

"跳转到下一个编辑点"按钮►I：表示到同一轨道上当前编辑点的后一个编辑点。

"提升"按钮▣：用于将轨道上入点与出点之间的内容删除，删除之后仍然留有空间。

"提取"按钮▣：用于将轨道上入点与出点之间的内容删除，删除之后不留空间，后面的素材会自动连接到前面的素材。

"导出单帧"按钮▣：用于导出一帧的影视画面。

1.1.5　其他功能面板

除了以上介绍的面板，Premiere Pro CS5 中还提供了其他一些便于编辑操作的功能面板，下面逐一进行介绍。

1.“效果”面板

"效果"面板存放着 Premiere Pro CS5 自带的各种音频、视频特效和预设的特效，这些特效按照功能分为五大类，包括音频特效、视频特效、音频切换效果、视频切换效果及预设特效，每一大类又按照效果细分为很多小类，如图 1-6 所示。用户安装的第三方特效插件也将出现在该面板的相应类别文件中。

图 1-6

默认设置下，"效果"面板、"历史"面板和"信息"面板合并为一个面板组，单击"效果"标签，即可切换到"效果"面板。

2.“特效控制台”面板

同"效果"面板一样，在 Premiere Pro CS5 的默认设置下，"特效控制台"、"源"监视器面板和"调音台"面板合并为一个面板组。"特效控制台"面板主要用于控制对象的运动、透明度、切换及特效等设置，如图 1-7 所示。当为某一段素材添加了音频、视频或转场特效后，就需要在该面板中进行相应的参数设置和添加关键帧，画面的运动特效也在这里进行设置，该面板会根据素材和特效的不同显示不同的内容。

3.“调音台”面板

"调音台"面板可以更加有效地调节项目的音频，可以实时混合各轨道的音频对象，如图 1-8 所示。

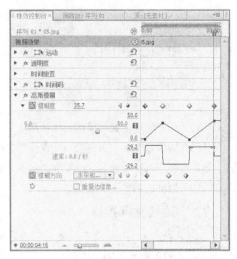

图 1-7

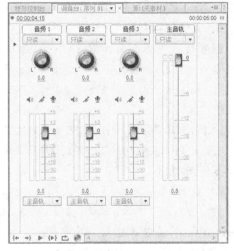

图 1-8

4.“工具”面板

"工具"面板主要用来对时间线中的音频和视频等内容进行编辑，该面板上各工具如图 1-9 所示。

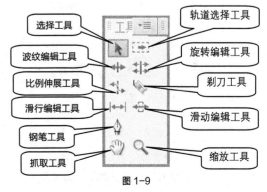

图 1-9

1.2 Premiere Pro CS5 基本操作

本节将详细介绍项目文件操作，如新建项目文件、打开已有的项目文件、保存项目文件；对象的操作，如素材的导入、重命名、组织和链接等。这些基本操作对后期的制作至关重要。

1.2.1 项目文件操作

在启动 Premiere Pro CS5 开始进行影视制作时，必须首先创建新的项目文件或打开已存在的项目文件，这是 Premiere Pro CS5 最基本的操作之一。

1. 新建项目文件

新建项目文件有两种方式：一种是启动 Premiere Pro CS5 时直接新建一个项目文件；另一种是在 Premiere Pro CS5 已经启动的情况下新建项目文件。

（1）在启动 Premiere Pro CS5 时新建项目文件　在启动 Premiere Pro CS5 时新建项目文件的具体操作步骤如下。

① 选 择 "开 始 > 所 有 程 序 > Adobe Premiere Pro CS5" 命令，或双击桌面上的 Adobe Premiere Pro CS5 快捷图标，弹出启动窗口，单击 "新建项目" 按钮 ，如图 1-10 所示。

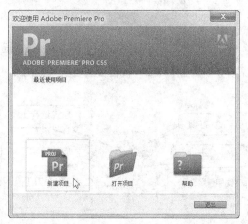

图 1-10

② 弹出 "新建项目" 对话框，如图 1-11 所示。在 "常规" 选项卡中设置活动与字幕安全区域、

视频显示格式、音频显示格式、采集项目格式，单击 "位置" 选项右侧的 "浏览" 按钮，在弹出的对话框中选择项目文件的保存路径。在 "名称" 选项的文本框中设置项目名称。

图 1-11

③ 单击 "确定" 按钮，弹出如图 1-12 所示的对话框。在 "序列预设" 选项卡中选择项目文件格式，如 "DV-PAL" 制式下的 "标准 48kHz"，此时，在 "预设描述" 选项区域中将列出相应的项目信息。单击 "确定" 按钮，即可创建一个新的项目文件。

图 1-12

（2）利用菜单命令新建项目文件　如果 Premiere Pro CS5 已经启动，此时可利用菜单命令新建项目文件，具体操作步骤如下。

选择 "文件 > 新建 > 项目" 命令，如图 1-13

所示，或按<Ctrl>+<Alt><N>组合键，在弹出的"新建项目"对话框中按照上述方法选择合适的设置，单击"确定"按钮即可。

图 1-13

2. 打开已有的项目文件

要打开一个已存在的项目文件进行编辑或修改，可以使用如下 4 种方法。

（1）通过启动窗口打开项目文件。启动 Premiere Pro CS5，在弹出的启动窗口中单击"打开项目"按钮，如图 1-14 所示。在弹出的对话框中选择需要打开的项目文件，如图 1-15 所示，单击"打开"按钮，即可打开已选择的项目文件。

图 1-14

图 1-15

（2）通过启动窗口打开最近编辑过的项目文件。启动 Premiere Pro CS5，在弹出的启动窗口中单击"最近使用项目"选项，如图 1-16 所示，打开最近保存过的项目文件。

图 1-16

（3）利用菜单命令打开项目文件。在 Premiere Pro CS5 程序窗口中选择"文件 > 打开项目"命令，如图 1-17 所示；或按<Ctrl>+<O>组合键，在弹出的对话框中选择需要打开的项目文件，如图 1-18 所示，单击"打开"按钮，即可打开所选的项目文件。

图 1-17

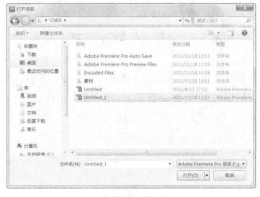

图 1-18

（4）利用菜单命令打开近期的项目文件。Premiere Pro CS5 会将近期打开过的文件保存在"文件"菜单中，选择"文件 > 打开最近项目"命令，在其子菜单中选择需要打开的项目文件，如图 1-19 所示，即可打开所选的项目文件。

3. 保存项目文件

文件的保存是文件编辑的重要环节。在 Adobe Premiere Pro CS5 中，以何种方式保存文件对图像文件以后的使用有直接的影响。

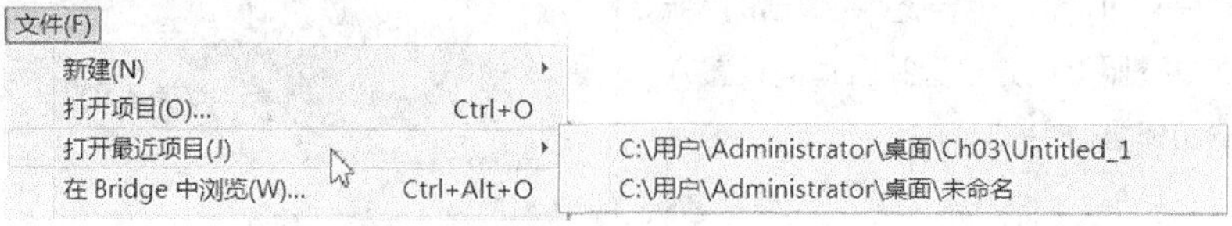

图 1-19

刚启动 Premiere Pro CS5 软件时，系统会提示用户先保存一个设置了参数的项目。因此，对于编辑过的项目，直接选择"文件 > 存储"命令或按<Ctrl>+<S>组合键，即可直接保存。另外，系统还会隔一段时间自动保存一次项目。

除了这种方法外，Premiere Pro CS5 还提供了"存储为"和"存储副本"命令。

保存项目文件副本的具体操作步骤如下。

（1）选择"文件 > 存储为"命令（或按<Ctrl>+<Shift >+<S>组合键），或者选择"文件 > 存储副本"命令（或按<Ctrl>+ <Alt>+<S>组合键），弹出"存储项目"对话框。

（2）在"保存在"选项的下拉列表中选择保存路径。

（3）在"文件名"选项的文本框中输入文件名。

（4）单击"保存"按钮，即可保存项目文件。

4．关闭项目文件

如果要关闭当前项目文件，选择"文件 > 关闭项目"命令即可。其中，如果对当前文件做了修改却尚未保存，系统将会弹出如图 1-20 所示的提示对话框，询问是否要保存该项目文件所做的修改。单击"是"按钮，保存项目文件；单击"否"按钮，则不保存文件并直接退出项目文件。

图 1-20

1.2.2　撤销与恢复操作

通常情况下，一个完整的项目需要经过反复的调整、修改与比较，才能完成。因此，Premiere Pro CS5 为用户提供了"撤销"与"重做"命令。

在编辑视频或音频时，如果用户的上一步操作是错误的，或对操作得到的效果不满意，选择"编辑 > 撤销"命令即可撤销该操作；如果连续选择此命令，则可连续撤销前面的多步操作。

如果用户想取消撤销操作，可选择"编辑 > 重做"命令。如果删除了一个素材，通过"撤销"命令来撤销删除操作后，如果用户还想将这些素材删除，则只要选择"编辑 > 重做"命令即可再次删除。

1.2.3　自定义设置

Premiere Pro CS5 预置设置为影片剪辑人员提供了常用的 DV-NTSC 和 DV-PAL 设置。如果需要自定义项目设置，可以切换到"自定义设置"选项卡，进行参数设置；如果在运行 Premiere Pro CS5 过程中需要改变项目设置，则需选择"项目 > 项目设置"命令，弹出"项目设置"对话框。

在"常规"选项卡中，可以对影片的编辑模式、时间基数、视频和音频等基本指标进行设置，如图 1-21 所示。

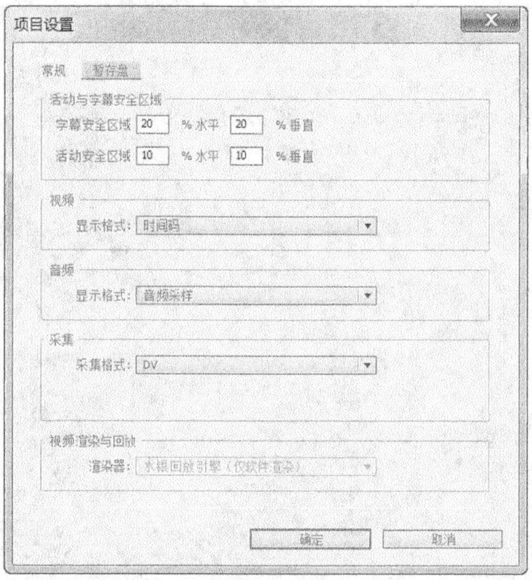

图 1-21

"字幕安全区域"：可以设置字幕安全框的显示范围，以"帧大小"设置数值的百分比计算。

"活动安全区域"：在此设置动作影像的安全框显示范围，以"帧大小"设置数值的百分比计算。

"视频显示格式"：显示视频素材的格式信息。

"音频显示格式"：显示音频素材的格式信息。

"采集格式"：用来设置设备参数及采集方式。

1.2.4　导入素材

Premiere Pro CS5 支持大部分主流的视频、音频以及图像文件格式。一般的导入方式为选择"文件 > 导入"命令，在"导入"对话框中选择所需要的文件格式和文件即可，如图 1-22 所示。

图 1-22

1.　导入图层文件

以素材的方式导入图层的设置方法如下。选择"文件 > 导入"命令，在"导入"对话框中选择 Photoshop、Illustrator 等含有图层的文件格式的需要导入的文件，单击"打开"按钮，会弹出如图 1-23 所示的提示对话框。

图 1-23

"导入分层文件"：设置 PSD 图层素材导入的方式，可选择"合并所有图层"、"合并图层"、"单层"或"序列"。

本例选择"序列"选项，如图 1-24 所示，

单击"确定"按钮，在"项目"窗口中会自动产生一个文件夹，其中包括序列文件和图层素材，如图 1-25 所示。

图 1-24

图 1-25

以序列的方式导入图层后，这些图层会按照其排列方式自动产生一个序列，可以打开该序列设置动画，进行编辑。

2.　导入图片

序列文件是一种非常重要的源素材，它由若干幅按序排列的图片组成，记录活动影片，每幅图片代表 1 帧。通常可以在 3ds Max、After Effects 和 Combustion 软件中产生序列文件，然后再导入 Premiere Pro CS5 中使用。

序列文件以数字序号为序进行排列。当导入序列文件时，应在首选项对话框中设置图片的帧速率，也可以在导入序列文件后，在解释素材对话框中改变帧速率。导入序列文件的方法如下。

（1）在"项目"窗口的空白区域双击，弹出"导入"对话框，找到序列文件所在的目录，勾选"序列图像"复选框，如图 1-26 所示。

（2）单击"打开"按钮，导入素材。序列文件导入后的状态如图 1-27 所示。

图 1-26

图 1-27

1.2.5　改变素材名称

在"项目"窗口中的素材上单击鼠标右键，在弹出的快捷菜单中选择"重命名"命令，素材会处于可编辑状态，输入新名称即可，如图 1-28 所示。

图 1-28

剪辑人员可以给素材重命名，以改变它原来的名称，这在一部影片中重复使用一个素材或复制了一个素材并为之设定新的入点和出点时极其有用。给素材重命名有助于在"项目"窗口和序列中观看一个复制的素材时避免混淆。

1.2.6　利用素材库组织素材

可以在"项目"窗口建立一个素材库（即素材文件夹）来管理素材。使用素材文件夹，可以将节目中的素材分门别类、有条不紊地组织起来，这在组织包含大量素材的复杂节目时特别有用。

单击"项目"窗口下方的"新建文件夹"按钮 ，会自动创建新文件夹，如图 1-29 所示，单击此按钮，它可以返回到上一层级素材列表，依此类推。

图 1-29

1.2.7　离线素材

当打开一个项目文件时，系统提示找不到源素材，如图 1-30 所示，这可能是源文件被改名或存在磁盘上的位置发生了变化造成的。可以直接在磁盘上找到源素材，然后单击"选择"按钮，也可以单击"跳过"按钮选择略过素材，或单击"脱机"按钮，建立离线文件，代替源素材。

图 1-30

如果要以实际素材替换离线素材，则可以在"项目"窗口中的离线素材上单击鼠标右键，在弹出的快捷菜单中选择"链接媒体"命令，然后在弹出的对话框中指定文件并进行替换。

第 2 章
Premiere Pro CS5
影视剪辑技术

本章主要对 Premiere Pro CS5 中剪辑影片的基本技术和操作进行详细介绍，其中包括使用 Premiere Pro CS5 剪辑和分离素材、使用 Premiere Pro CS5 创建新元素等。通过本章的学习，读者可以掌握剪辑技术的使用方法和应用技巧。

课堂学习目标

- 使用 Premiere Pro CS5 剪辑素材
- 使用 Premiere Pro CS5 分离素材
- 使用 Premiere Pro CS5 创建新元素

2.1 使用 Premiere Pro CS5 剪辑素材

在 Premiere Pro CS5 中的编辑过程是非线性的，可以在任何时候插入、复制、替换、传递和删除素材片段，还可以采取各种各样的顺序和效果进行试验，并在合成最终影片或输出到磁带前进行预演。

用户在 Premiere Pro CS5 中使用监视器窗口和"时间线"窗口编辑素材。监视器窗口用于观看素材和制作完成的影片，设置素材的入点、出点等；"时间线"窗口用于建立序列、安排素材、分离素材、插入素材、合成素材、混合音频等。使用监视器窗口和"时间线"窗口编辑影片时，同时还会使用一些相关的其他窗口和面板。

在一般情况下，Premiere Pro CS5 会从头至尾播放一个音频素材或视频素材。用户可以使用剪辑窗口或监视器窗口改变一个素材的开始帧和结束帧或改变静止图像素材的长度。Premiere Pro CS5 中的监视器窗口可以对原始素材和序列进行剪辑。

2.1.1 认识监视器窗口

在监视器窗口中有两个监视器："源"监视器窗口与"节目"监视器窗口，分别用来显示素材与作品在编辑时的状况，左边为"源"监视器窗口，显示和设置节目中的素材；右边为"节目"监视器窗口，显示和设置序列。监视器窗口如图 2-1 所示。

图 2-1

在"源"监视器窗口中，单击上方的标题栏或黑色三角按钮，将弹出下拉列表，下拉列表中提供了已经调入"时间线"窗口中的素材序列表，通过该列表，可以更加快速方便地浏览素材的基本情况，

如图 2-2 所示。

图 2-2

用户可以在"源"监视器窗口和"节目"监视器窗口中设置安全区域，这对输出为电视机播放的影片非常有用。

电视机在播放视频图像时，屏幕的边缘会切除部分图像，这种现象叫作"溢出扫描"。不同的电视机溢出的扫描量不同，所以要把图像的重要部分放在安全区域内。制作影片时，需要将重要的场景元素、演员、图表放在运动安全区域内；将标题、字幕放在标题安全区域内。如图 2-3 所示，位于工作区域外侧的方框为运动安全区域，位于内侧的方框为标题安全区域。

图 2-3

单击"源"监视器窗口或"节目"监视器窗口下方的"安全框"按钮，可以显示或隐藏监视器窗口中的安全区域。

2.1.2 剪裁素材

剪辑可以增加或删除帧以改变素材的长度。素材开始帧的位置称为入点，素材结束帧的位置被称为出点。用户可以在"源"监视器窗口和"时间线"窗口剪裁素材。

1. 在"源"监视器窗口剪裁素材

在"源"监视器窗口中改变入点和出点的方法如下。

（1）在"项目"面板中双击要设置入点和出点的素材，将其在"源"监视器窗口中打开。

（2）在"源"监视器窗口中拖动时间标记 或按<空格>键，找到要使用影片片段的开始位置。

（3）单击"源"监视器窗口下方的"设置入点"按钮 或按<I>键，则"源"监视器窗口中显示当前素材入画画面，"素材"监视器窗口右上方显示入点标记，如图 2-4 所示。

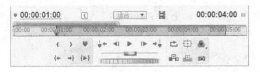

图 2-4

（4）继续播放影片，找到使用片段的结束位置。单击"源"监视器窗口下方的"设置出点"按钮 或按<O>键，窗口下方显示当前素材出点。入点和出点间显示为深色，两点之间的片段即入点与出点间的素材片段，如图 2-5 所示。

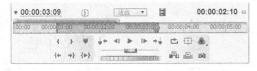

图 2-5

（5）单击"跳转到入点"按钮 ，可以自动跳到影片的入点位置。单击"跳转到出点"按钮 ，可以自动跳到影片的出点位置。

当声音同步要求非常严格时，用户可以为音频素材设置高精度的入点。音频素材的入点可以使用高达 1/600s 的精度来调节。对于音频素材，入点和出点指示器出现在波形图相应的点处，如图 2-6 所示。

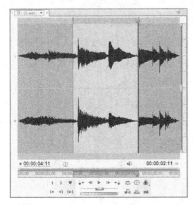

图 2-6

当用户将一个同时含有影像和声音的素材拖曳入"时间线"窗口时，该素材的音频和视频部分会被放到相应的轨道中。

用户在为素材设置入点和出点时，对素材的音频和视频部分同时有效，也可以为素材的视频和音频部分单独设置入点和出点。

为素材的视频或音频部分单独设置入点和出点的方法如下。

（1）在"源"监视器窗口中选择要设置入点和出点的素材。

（2）播放影片，找到使用片段的开始位置或结束位置。

（3）用鼠标右键单击窗口中的标记 ，在弹出的快捷菜单中选择"设置素材标记"命令，如图 2-7 所示。

图 2-7

（4）在弹出的子菜单中分别设置链接素材的入点和出点，在"源"监视器窗口和"时间线"窗口中的形状分别如图 2-8 和图 2-9 所示。

2．在"时间线"窗口中剪辑素材

Premiere Pro CS5 提供了 4 种编辑片段的工具，分别是"轨道选择"工具 、"滑动"工具 、"错落"工具 和"滚动编辑"工具 。下面分别介绍如何应用这些编辑工具。

图 2-8

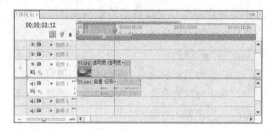

图 2-9

"轨道选择"工具 [icon] 可以调整一个片段在其轨道中的持续时间，而不会影响其他片段的持续时间，但会影响到整个节目片段的时间。具体操作步骤如下。

（1）选择"轨道选择"工具 [icon]，在"时间线"窗口中单击需要编辑的某一个片段。

（2）将鼠标指针移动到两个片段的"出点"与"入点"相接处，即两个片段的连接处，左右拖曳鼠标编辑影片片段，如图 2-10 和图 2-11 所示。

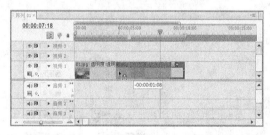

图 2-10

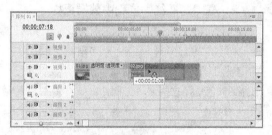

图 2-11

（3）释放鼠标后，需要调整的片段持续时间被调整，轨道上的其他片段持续时间不会变，但整个节目持续时间随着调整片段的增加或缩短而发生了相应的变化。

"滑动"工具 [icon] 可以使两个片段的入点与出点发生本质上的位移，而并不影响片段持续时间与节目的整体持续时间，但会影响编辑片段之前或之后的持续时间，从而迫使前面或后面的影片片段的出点与入点发生改变。具体操作步骤如下。

（1）选择"滑动"工具 [icon]，在"时间线"窗口中单击需要编辑的某一个片段。

（2）将鼠标指针移动到两个片段的结合处，当鼠标指针呈 [icon] 状时，左右拖曳鼠标对其进行编辑，如图 2-12 和图 2-13 所示。

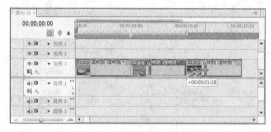

图 2-12

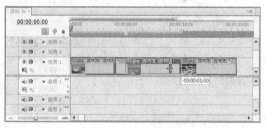

图 2-13

（3）在拖曳过程中，监视器窗口中将会显示被调整片段的出点与入点以及未被编辑片段的出点与入点。

使用"错落"工具 [icon] 编辑影片片段时，会更改片段的入点与出点，但它的持续时间不会改变，也不会影响其他片段的入点时间和出点时间，而且节目总的持续时间也不会发生任何改变。具体操作步骤如下。

（1）选择"错落"工具 [icon]，在"时间线"窗口中单击需要编辑的某一个片段。

（2）将鼠标指针移动到两个片段的结合处，当鼠标指针呈 [icon] 状时，左右拖曳鼠标对其进行编辑，如图 2-14 所示。

（3）在拖曳鼠标时，监视器窗口中将会依次显示上一片段的出点和后一片段的入点，同时显示画面帧数，如图 2-15 所示。

使用"滚动编辑"工具 [icon] 编辑影片片段时，片段时间的增长或缩短会由其相接片段进行替补。在编辑过程中，整个节目的持续时间不会发生任何改变，但编辑时会影响其轨道上的片段在时间轨中的位置。具体操作步骤如下。

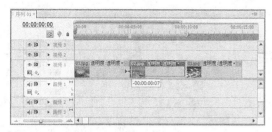

图 2-14

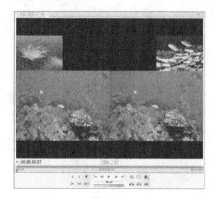

图 2-15

（1）选择"滚动编辑"工具 ，在"时间线"窗口中单击需要编辑的某一个片段。

（2）将鼠标指针移动到两个片段的结合处，当鼠标指针呈 状时，左右拖曳鼠标进行编辑，如图 2-16 所示。

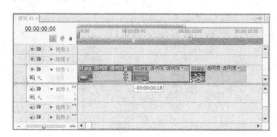

图 2-16

（3）释放鼠标后，被修整片段的帧增加或减少会引起相邻片段的变化，但整个节目的持续时间不会发生任何改变。

3．导出单帧

单击"节目"监视器窗口下方的"导出单帧"按钮 ，弹出"导出单帧"对话框，在"名称"文本框中输入文件名称，在"格式"选项中选择文件格式，在"路径"选项中选择保存文件路径，如

图 2-17 所示。设置完成后，单击"确定"按钮，即导出当前时间线上的单帧图像。

图 2-17

4．改变影片的速度

在 Premiere Pro CS5 中，用户可以根据需求随意更改片段的播放速度，具体操作步骤如下。

（1）在"时间线"窗口中的某一个文件上单击鼠标右键，在弹出的快捷菜单中选择"速度/持续时间"命令，弹出如图 2-18 所示的对话框。

图 2-18

"速度"：在此设置播放速度的百分比，以设置影片的播放速度。

"持续时间"：单击选项右侧的时间码，当时间码变为图 2-19 中所示时，在此导入时间值。时间值越长，影片的播放速度越慢；时间值越短，影片的播放速度越快。

持续时间: 00:00:05:08

图 2-19

"倒放速度"：勾选此复选框，影片片段将向反方向播放。

"保持音调不变"：勾选此复选框，保持影片片段的音频播放速度不变。

（2）设置完成后，单击"确定"按钮完成更改片段播放速度的任务，返回到主页面。

2.1.3　课堂案例——日出与日落

🔍 **案例学习目标**

学习导入视频文件。

案例知识要点

使用"导入"命令导入视频文件；使用"位置"、"缩放比例"选项编辑视频文件的位置与大小；使用"交叉叠化"命令制作视频之间的转场效果。日出与日落效果如图 2-20 所示。

图 2-20

效果所在位置

光盘/Ch02/日出与日落.prproj。

1. 编辑视频文件

（1）启动 Premiere Pro CS5 软件，弹出"欢迎使用 Adobe Premiere Pro"界面，单击"新建项目"按钮 ，弹出"新建项目"对话框，设置"位置"选项，选择保存文件的路径，在"名称"文本框中输入文件名"日出与日落"，如图 2-21 所示。单击"确定"按钮，弹出"新建序列"对话框，在左侧的列表中展开"DV-PAL"选项，选中"标准 48kHz"模式，如图 2-22 所示，单击"确定"按钮。

（2）选择"文件 > 导入"命令，弹出"导入"对话框，选择光盘中的"Ch02/日出与日落/素材"目录下的"01、02、03、04 和 05"文件，单击"打开"按钮，导入视频文件，如图 2-23 所示。导入后的文件排列在"项目"面板中，如图 2-24 所示。

图 2-21

图 2-22

图 2-23

图 2-24

（3）在"项目"面板中，选中"01"文件并将其拖曳到"时间线"窗口中的"视频 1"轨道中，如图 2-25 所示。将时间指示器放置在 02:00s 的位置，在"视频 1"轨道上选中"01"文件，将鼠标指针放在"01"文件的起始位置，当鼠标指针呈 状时，向后拖曳鼠标到 02:00s 的位置上，如图 2-26 所示。再拖曳 01 文件到"视频 1"的起始位置，如图 2-27 所示。

图 2-25

图 2-26

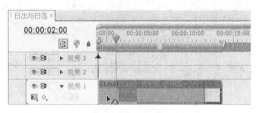

图 2-27

（4）选择"特效控制台"面板，展开"运动"选项，将"缩放比例"选项设置为 120.0，如图 2-28 所示。在"项目"面板中选中"02"文件并将其拖曳到"时间线"窗口中的"视频 1"轨道中，如图 2-29 所示。将时间指示器放置在 11:22s 的位置，选择"特效控制台"面板，展开"运动"选项，将"缩放比例"选项设置为 120.0。单击"缩放比例"选项前面的"记录动画"按钮 ⓞ，如图 2-30 所示，记录第 1 个动画关键帧。将时间指示器放置在 20:00s 的位置，将"缩放比例"选项设置为 140.0，如图 2-31 所示，记录第 2 个动画关键帧。

图 2-28

图 2-29

图 2-30

图 2-31

（5）在"项目"面板中选中"03"文件并将其拖曳到"时间线"窗口中的"视频 1"轨道中，如图 2-32 所示。将时间指示器放置在 26:00s 的位置，在"视频 1"轨道上选中"03"文件，将鼠标指针放在"03"文件的尾部，当鼠标指针呈 ⤢ 状时，向前拖曳鼠标到 26:00s 的位置上，如图 2-33 所示。

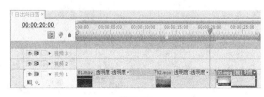

图 2-32

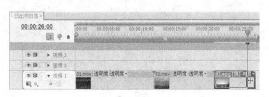

图 2-33

（6）在"项目"面板中选中"04"文件并将其拖曳到"时间线"窗口中的"视频 1"轨道中，如图 2-34 所示。将时间指示器放置在 33:00s 的位置，在"视频 1"轨道上选中"04"文件，将鼠标指针放在"04"文件的尾部，当鼠标指针呈 ↔ 状时，向前拖曳鼠标到 35:00s 的位置上，如图 2-35 所示。

图 2-34

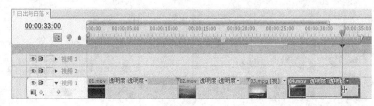

图 2-35

（7）选择"特效控制台"面板，展开"运动"选项，将"缩放比例"选项设置为 120.0，如图 2-36 所示。

（8）在"项目"面板中选中"05"文件并将其拖曳到"时间线"窗口中的"视频 1"轨道中，如图 2-37 所示。将时间指示器放置在 40s 的位置，在"视频 1"轨道上选中"05"文件，将鼠标指针放在"05"文件的尾部，当鼠标指针呈 ↔ 状时，向前拖曳鼠标到 40s 的位置上，如图 2-38 所示。选择"特效控制台"面板，展开"运动"选项，将"缩放比例"选项设置为 120.0。

图 2-36

图 2-37

图 2-38

2．制作视频转场效果

（1）选择"窗口 > 工作区 > 效果"命令，弹出"效果"面板，展开"视频切换"特效分类选项，单击"叠化"文件夹前面的三角形按钮 ▶ 将其展开，选中"交叉叠化"特效，如图 2-39 所示。将"交叉叠化"特效拖曳到"时间线"窗口中的"02"文件开始位置，如图 2-40 所示。

图 2-39

（2）选择"效果"面板，选中"交叉叠化"特效并将其拖曳到"时间线"窗口中的"02"文件的结尾处与"03"文件的开始位置，如图 2-41 所示。选中"交叉叠化"特效，分别将其拖曳到"时间线"窗口中的"03"文件的开始位置和"05"文件的开始位置，如图 2-42 所示。日出与日落制作完成，如图 2-43 所示。

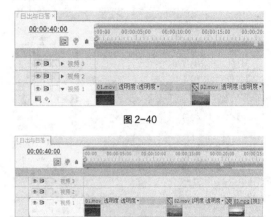

图 2-40

图 2-41

图 2-42

图 2-43

2.2 使用 Premiere Pro CS5 分离素材

在"时间线"面板中可以将一个单独的素材切割成为两个或更多单独的素材，也可以使用插入工具进行三点或者四点编辑，还可以将链接素材的音频或视频部分分离，或者将分离的音频和视频素材链接起来。

2.2.1　切割素材

在 Premiere Pro CS5 中，当素材被添加到"时间线"面板中的轨道后，必须对此素材进行分割才能进行后面的操作，可以应用工具箱中的"剃刀"工具来完成素材的切割。具体操作步骤如下。

（1）选择"剃刀"工具 ▨ 。

（2）将鼠标指针移到需要切割的影片片段的"时间线"窗口中的某一素材上并单击，该素材即被切割为两个素材，每一个素材都有独立的长度以及入点与出点，如图 2-44 所示。

（3）如果要将多个轨道上的素材在同一点分

割，则应同时按住<Shift>键，此时会显示多重刀片，轨道上所有未锁定的素材都在该位置被分割为两段，如图 2-45 所示。

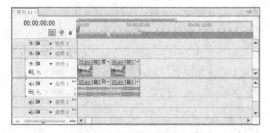

图 2-44

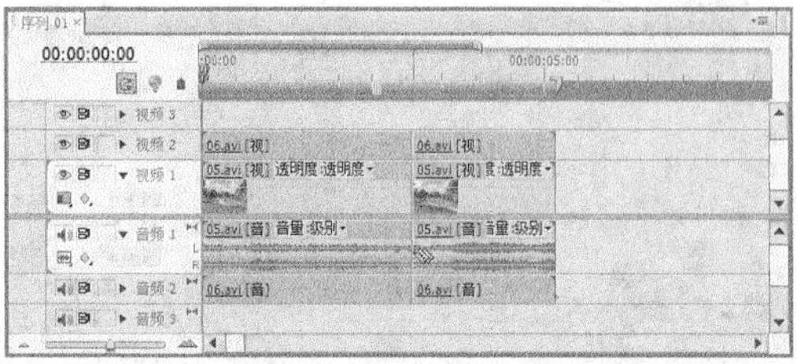

图 2-45

2.2.2　分离和链接素材

为素材建立链接的具体操作步骤如下。

（1）在"时间线"窗口中框选要进行链接的视频和音频片段。

（2）单击鼠标右键，在弹出的快捷菜单中选择"链接视频和音频"命令，则素材片段就被链接在一起了。

分离素材的具体操作步骤如下。

（1）在"时间线"窗口中选择视频和音频链接的素材。

（2）单击鼠标右键，在弹出的快捷菜单中选择"解除视音频链接"命令，即可分离素材的音频和视频部分。

链接在一起的素材被断开后，如果分别移动音频和视频部分使其错位，然后再链接在一起，，则系统会在片段上标记警告并标记错位的时间，如图 2-46 所示，负值表示向前偏移，正值表示向后偏移。

图 2-46

2.2.3　课堂案例——立体相框

案例学习目标

将图像插入到"时间线"窗口中，对图像的四周进行剪裁。

案例知识要点

使用"插入"选项将图像导入到"时间线"窗口中；使用"运动"选项编辑图像的位置、缩放比例、旋转等多个属性；使用"剪裁"命令剪裁图像边框；使用"斜边角"命令制作图像的立体效果；使用"杂波 HLS"、"棋盘"和"四色渐变"命令编辑背影特效；使用"色阶"命令调整图像的亮度。立体相框效果如图 2-47 所示。

图 2-47

效果所在位置

光盘/Ch02/立体相框. prproj。

1.　导入图片

（1）启动 Premiere Pro CS5 软件，弹出"欢迎使用 Adobe Premiere Pro"界面，单击"新建项目"按钮，弹出"新建项目"对话框，设置"位置"选项，选择保存文件的路径，在"名称"文本框中输入文件名"立体相框"，如图 2-48 所示。单击"确定"按钮，弹出"新建序列"对话框，在左侧的列表中展开"DV-PAL"选项，选中"标准 48kHz"模式，如图 2-49 所示，单击"确定"按钮。

（2）选择"文件 > 导入"命令，弹出"导入"对话框，选择光盘中的"Ch02/立体相框/素材"目录下的"01 和 02"文件，单击"打开"按钮，导入视频文件，如图 2-50 所示。导入后的文件排列在"项目"面板中，如图 2-51 所示。

图 2-48

图 2-49

图 2-50

（3）在"时间线"窗口中选择"视频 3"轨道，选中"项目"面板中的"01"文件，单击鼠标右键，在弹出的快捷菜单中选择"插入"命令，如图 2-52

所示，文件被插入到"时间线"窗口中的"视频 3"轨道中，如图 2-53 所示。

图 2-51

图 2-52

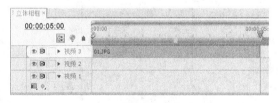

图 2-53

2. 编辑图像立体效果

（1）在"时间线"窗口中选中"视频 3"轨道中的"01"文件，在"特效控制台"面板中，展开"运动"选项，将"位置"选项设置为 255.1 和 304.7，"缩放比例"选项设置为 36.8，"旋转"选项设置为 - 11.0°，如图 2-54 所示。在"节目"窗口中预览效果，如图 2-55 所示。

（2）选择"窗口 > 效果"命令，弹出"效果"面板，展开"视频特效"选项，单击"变换"文件夹前面的三角形按钮 ▷ 将视频特效展开，选中"裁剪"特效，如图 2-56 所示。将"裁剪"特效拖曳到"时间线"窗口中的"视频 3"轨道上的"01"

文件上，如图 2-57 所示。

图 2-54

图 2-55

图 2-56

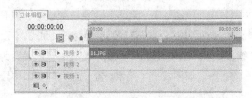

图 2-57

（3）在"特效控制台"面板中，展开"裁剪"特效，将"左侧"选项设置为9.0%，"底部"选项设置为6.0%，如图 2-58 所示。在"节目"窗口中预览效果，如图 2-59 所示。

图 2-58

图 2-59

（4）在"效果"面板中，展开"视频特效"选项，单击"透视"文件夹前面的三角形按钮 ▷ 将其展开，选中"斜角边"特效，如图 2-60 所示。将"斜角边"特效拖曳到"时间线"窗口中的"视频3"轨道上的"01"文件上，如图 2-61 所示。

图 2-60

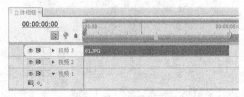

图 2-61

（5）在"特效控制台"面板中，展开"斜角边"特效，将"边缘厚度"选项设置为 0.06，"照明角度"选项设置为-40.0°，其他设置如图 2-62 所示。在"节目"窗口中预览效果，如图 2-63 所示。

图 2-62

图 2-63

3. 编辑背景

（1）选择"文件 > 新建 > 彩色蒙版"命令，弹出"新建彩色蒙版"对话框，如图 2-64 所示。单击"确定"按钮，弹出"颜色拾取"对话框，设置颜色的 R、G、B 值分别为 255、166、50，如图 2-65 所示。单击"确定"按钮，弹出"选择名称"对话框，输入"墙壁"，如图 2-66 所示。单击"确定"按钮，可以看到，在"项目"面板中添加了一个"墙壁"层，如图 2-67 所示。

图 2-64

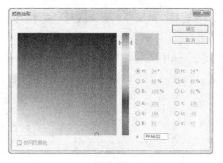

图 2-65

图 2-66

图 2-67

（2）在"项目"面板中选中"墙壁"层，将其拖曳到"时间线"窗口中的"视频 1"轨道中，如图 2-68 所示。在"节目"窗口中预览效果，如图 2-69 所示。

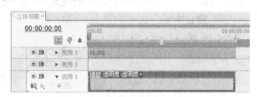

图 2-68

图 2-69

（3）选择"效果"面板，展开"视频特效"选项，单击"杂波与颗粒"文件夹前面的三角形按钮 ▷ 将其展开，选中"杂波 HLS"特效，如图 2-70 所示。将"杂波 HLS"特效拖曳到"时间线"窗口中的"视频 1"轨道上的"墙壁"层上，如图 2-71 所示。

图 2-70

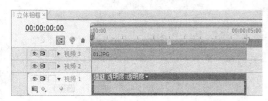

图 2-71

（4）选择"特效控制台"面板，展开"杂波 HLS"特效，将"色相"选项设置为 50.0%，"明度"选项设置为 50.0%，"饱和度"选项设置为 60.0%，"颗粒大小"选项设置为 2.00，其他设置如图 2-72 所示。在"节目"窗口中预览效果，如图 2-73 所示。

图 2-72

（5）选择"效果"面板，展开"视频特效"选项，单击"生成"文件夹前面的三角形按钮 ▷ 将其展开，选中"棋盘"特效，如图 2-74 所示。将"棋盘"特效拖曳到"时间线"窗口中的"视频 1"轨道上的"墙壁"层上，如图 2-75 所示。

图 2-73

图 2-74

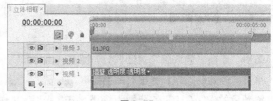

图 2-75

（6）选择"特效控制台"面板，展开"棋盘"特效，将"边角"选项设置为 400.0 和 330.0，单击"混合模式"选项后面的三角形按钮，在弹出的下拉列表中选择"添加"，其他设置如图 2-76 所示。在"节目"窗口中预览效果，如图 2-77 所示。

（7）选择"效果"面板，展开"视频特效"选项，单击"生成"文件夹前面的三角形按钮 ▷ 将其展开，选中"四色渐变"特效，如图 2-78 所示。将"四色渐变"特效拖曳到"时间线"窗口中的"视频 1"轨道上的"墙壁"层上，如图 2-79 所示。

他设置如图 2-80 所示。在"节目"窗口中预览效果，如图 2-81 所示。在"项目"面板中选中"02"文件并将其拖曳到"时间线"窗口中的"视频 2"轨道中，如图 2-82 所示。

图 2-76

图 2-77

图 2-78

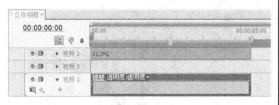

图 2-79

（8）选择"特效控制台"面板，展开"四色渐变"特效，将"混合"选项设置为 40.0，"抖动"选项设置为 30.0%，单击"混合模式"选项后面的三角形按钮，在弹出的下拉列表中选择"滤色"，其

图 2-80

图 2-81

图 2-82

4. 调整图像亮度

（1）在"时间线"窗口中选中"视频 2"轨道中的"02"文件，选择"特效控制台"面板，展开"运动"选项，将"位置"选项设置为 515.5 和 322.9，"缩放比例"选项设置为 25.4，"旋转"选项设置为 6.0°，如图 2-83 所示。在"节目"窗口中预览效果，如图 2-84 所示。

（2）在"时间线"窗口中选中"01"文件，选择"特效控制台"面板，按<Ctrl>键选中"裁剪"

特效和"斜角边"特效，再按<Ctrl>+<C>组合键，复制特效，在"时间线"窗口中选中"02"文件，按<Ctrl>+<V>组合键粘贴特效。在"节目"窗口中预览效果，如图 2-85 所示。

图 2-83

图 2-84

图 2-85

（3）选择"效果"面板，展开"视频特效"选项，单击"调整"文件夹前面的三角形按钮 ▷ 将其展开，选中其中的"色阶"特效，如图 2-86 所示。将"色阶"特效拖曳到"时间线"窗口中的"视频 2"轨道上的"02"文件上，如图 2-87 所示。

图 2-86

图 2-87

（4）选择"特效控制台"面板，展开"色阶"特效，将"（RGB）输入黑色阶"选项设置为 20，"（RGB）输入白色阶"选项设置为 230，其他设置如图 2-88 所示。在"节目"窗口中预览效果，如图 2-89 所示。

（5）立体相框制作完成，如图 2-90 所示。

图 2-88

图 2-89

图 2-90

2.3 使用 Premiere Pro CS5 创建新元素

Premiere Pro CS5 除了可以使用导入的素材外，还可以建立一些新素材元素，本节将对其进行详细介绍。

2.3.1　通用倒计时片头

通用倒计时片头通常用于影片开始前的倒计时准备。Premiere Pro CS5 为用户提供了现成的通用倒计时，用户可以非常简便地创建一个标准的倒计时素材，并可以在 Premiere Pro CS5 中随时对其进行修改，如图 2-91 所示。创建倒计时素材的具体操作步骤如下。

图 2-91

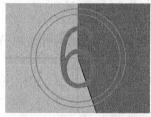

图 2-91（续）

（1）单击"项目"窗口下方的"新建分项"按钮 ，在弹出的列表中选择"通用倒计时片头"选项，弹出"新建通用倒计时片头"对话框，如图 2-92 所示。设置完成后，单击"确定"按钮，弹出"通用倒计时片头设置"对话框，如图 2-93 所示。

图 2-92

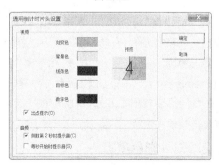

图 2-93

"划变色"：擦除颜色。播放倒计时影片时，指示线会不停地围绕圆心转动，指示线划过的区域颜色为划变色。

"背景色"：背景颜色。指示线转换方向之前的颜色为背景色。

"线条色"：指示线颜色。固定十字及转动的指示线的颜色由该项设定。

"目标色"：准星颜色。指定圆形准星的颜色。

"数字色"：数字颜色。指定倒计时影片中8、7、6、5、4等数字的颜色。

"出点提示"：结束提示标志。勾选该复选框，在倒计时结束时显示标志图形。

"倒数第2秒时提示音"：2秒处是提示音标志。勾选该复选框，在显示"2"时发声。

"每秒开始时提示音"：每秒提示音标志。勾选该复选框，在每秒开始时发声。

（2）设置完成后，单击"确定"按钮，Premiere Pro CS5自动将该段倒计时影片加入"项目"窗口。

用户可在"项目"窗口或"时间线"窗口中双击倒计时素材，随时打开"通用倒计时片头设置"对话框进行修改。

2.3.2　彩条和黑场

1. 彩条

Premiere Pro CS5可以在影片开始播放前为其加入一段彩条，如图2-94所示。

图2-94

在"项目"窗口下方单击"新建分项"按钮，在弹出的列表中选择"彩条"选项，即可创建彩条。

2. 黑场

Premiere Pro CS5可以在影片中创建一段黑场。在"项目"窗口下方单击"新建分项"按钮，在弹出的列表中选择"黑场"选项，即可创建黑场。

2.3.3　彩色蒙版

Premiere Pro CS5还可以为影片创建一个颜色蒙版。用户可以将颜色蒙版当作背景，也可选择"透明度"命令来设定与它相关的色彩的透明性。具体操作步骤如下。

（1）在"项目"窗口下方单击"新建分项"按钮，在弹出的列表中选择"彩色蒙版"选项，弹出"新建彩色蒙版"对话框，如图2-95所示。进行参数设置后，单击"确定"按钮，弹出"颜色拾取"对话框，如图2-96所示。

图2-95

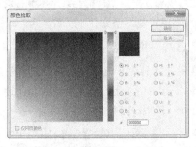

图2-96

（2）在"颜色拾取"对话框中选取蒙版所要使用的颜色，单击"确定"按钮。用户可在"项目"窗口或"时间线"窗口中双击颜色蒙版，随时打开"颜色拾取"对话框进行修改。

2.3.4　透明视频

在Premiere Pro CS5中，用户可以创建一个透明的视频层，它能够将特效应用到一系列的影片剪辑中，而无须重复地复制和粘贴属性。只要应用一个特效到透明视频轨道上，特效结果将自动出现在下面的所有视频轨道中。

2.4　课堂练习
——镜头的快慢处理

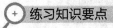 练习知识要点

使用"位置"选项改变视频文件的位置；使用

"剃刀"工具分割文件；使用"速度/持续时间"命令改变视频的播放速度。镜头的快慢处理效果如图 2-97 所示。

图 2-97

效果所在位置

光盘/Ch02/镜头的快慢处理. prproj。

2.5 课后习题
　　　——倒计时效果

习题知识要点

使用"通道倒计时片头"命令编辑默认倒计时属性；使用"速度/持续时间"命令改变视频文件的播放速度。倒计时效果如图 2-98 所示。

效果所在位置

光盘/Ch02/倒计时效果. prproj。

图 2-98

3

Chapter

第 3 章
视频转场效果

本章主要介绍如何能在 Premiere Pro CS5 的影片素材或静止图像素材之间实现丰富多彩的特效切换的方法，每一个图像切换的控制方式都具有很多可供选择的选项。本章所学知识对于影视剪辑中的镜头切换有着非常实用的意义，它可以使剪辑的画面更加富于变化，更加生动多彩。

课堂学习目标

- 转场特技设置
- 高级转场特技

3.1 转场特技设置

转场包括使用镜头切换、调整切换区域和切换设置等多种基本操作。下面对转场特技设置进行详细的讲解。

3.1.1 使用镜头切换

一般情况下，切换是在同一轨道的两个相邻素材之间使用。当然，也可以单独为一个素材设置切换，这时素材将与其下方的轨道进行切换，但是下方的轨道只是作为背景使用，并不能被切换所控制，如图 3-1 所示。

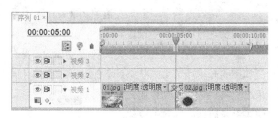

图 3-1

为影片添加切换后，还可以改变切换的长度。最简单的方法是在序列中选中切换工具 交叉叠化（标准），拖曳切换工具的边缘。还可以双击切换工具，打开"特效控制台"面板，在该面板中对切换进行进一步的调整，如图 3-2 所示。

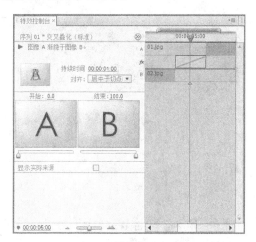

图 3-2

3.1.2 调整切换区域

在"特效控制台"面板右侧的时间线区域里可以设置切换的长度和位置。如图 3-3 所示，给两段影片加入切换后，时间线上会有一个重叠区域，这个重叠区域就是发生切换的范围。同"时间线"窗口中只显示入点和出点间的影片相比，在"特效控制台"窗口的时间线中还会显示影片的长度，这样设置的优点是可以随时修改影片参与切换的位置。

将鼠标指针移动到影片上，按住鼠标左键拖曳，即可移动影片的位置，从而改变切换的作用区域。

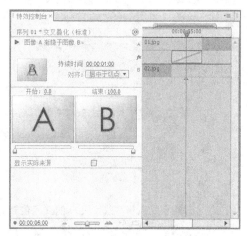

图 3-3

将鼠标指针移动到切换中线上拖曳，可以改变切换的位置，如图 3-4 所示。将鼠标指针移动到切换上拖曳，也可以改变其位置，如图 3-5 所示。

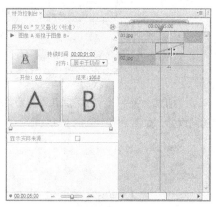

图 3-4

"特效控制台"窗口中的"对齐"下拉列表中提供了以下几种切换对齐方式。

（1）"居中于切点"：将切换添加到两剪辑的中间部分，如图 3-6 和图 3-7 所示。

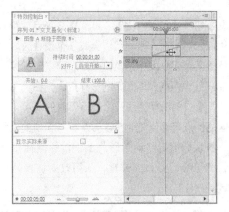

图 3-5

图 3-6

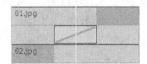

图 3-7

（2）"开始于切点"：以片段 B 的入点位置为
准建立切换，如图 3-8 和图 3-9 所示。

图 3-8

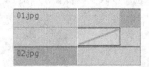

图 3-9

（3）"结束于切点"：将切换点添加到第一个
剪辑的结尾处，如图 3-10 和图 3-11 所示。

图 3-10

图 3-11

（4）"自定开始"：表示可以通过自定义添加
设置。

将鼠标指针移动到切换边缘，可以拖曳鼠标改
变切换的长度，如图 3-12 和图 3-13 所示。

图 3-12

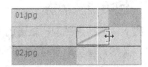

图 3-13

3.1.3　切换设置

在"特效控制台"窗口左边的切换设置中，可
以对切换进行进一步的设置。

默认情况下，切换都是从 A 到 B 完成的，要改
变切换的开始和结束的状态，可拖曳"开始"和"结
束"滑块。按住<Shift>键并拖曳滑块可以使开始和
结束滑块以相同的数值变化。

勾选"显示实际来源"复选框，可以在"切换
设置"框上方开始和结束显示框中显示切换的开始
帧和结束帧，如图 3-14 所示。

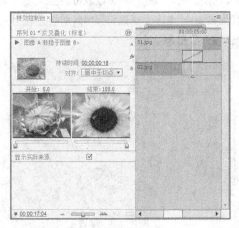

图 3-14

单击"特效控制台"窗口上方的 ▶ 按钮，可以
在小视窗中预览切换效果，如图 3-15 所示。对于
某些有方向性的切换来说，可以单击小视窗中上方
的箭头改变切换的方向。

图 3-15

某些切换具有位置的性质，如出入屏时画面从屏幕的哪个位置开始，这时可以在切换的开始和结束显示框中调整切换的位置。

图 3-15 所示的"持续时间"栏中可以输入切换的持续时间，这与拖曳切换边缘改变长度达到的效果是相同的。

3.2 高级转场特技

Premiere Pro CS5将各种转换特效根据类型的不同分别放在"效果"窗口中的"视频特效"文件夹下的子文件夹中，方便用户按照使用的转换类型进行查找。

3.2.1 3D 运动

"3D 运动"文件夹中共包含 10 种三维运动效果的场景切换。

1. 向上折叠

"向上折叠"特效使影片 A 像纸一样被重复折叠，显示影片 B，效果如图 3-16 和图 3-17 所示。

图 3-16

图 3-17

2. 帘式

"帘式"特效使影片 A 如同窗帘一样被拉起，显示影片 B，效果如图 3-18 和图 3-19 所示。

图 3-18

图 3-19

3. 摆入

"摆入"特效使影片 B 过渡到影片 A 产生内关门效果，效果如图 3-20 和图 3-21 所示。

图 3-20

图 3-21

4. 摆出

"摆出"特效使影片 B 过渡到影片 A 产生外关门效果，效果如图 3-22 和图 3-23 所示。

图 3-22

图 3-23

5. 旋转

"旋转"特效使影片 B 从影片 A 中心展开，效果如图 3-24 和图 3-25 所示。

图 3-24

图 3-25

6. 旋转离开

"旋转离开"特效使影片 B 从影片 A 中心旋转出现，效果如图 3-26 和图 3-27 所示。

图 3-26

图 3-27

7. 立方体旋转

"立方体旋转"特效可以使影片 A 和影片 B 如同立方体的两个面一样进行过渡转换，效果如图 3-28 和图 3-29 所示。

图 3-28

图 3-29

8. 筋斗过渡

"筋斗过渡"特效使影片 A 旋转翻入影片 B，效果如图 3-30 和图 3-31 所示。

图 3-30

图 3-31

9. 翻转

"翻转"特效使影片 A 翻转到影片 B。在"特效控制台"窗口中单击"自定义"按钮，弹出"翻转设置"对话框，如图 3-32 所示。

图 3-32

"带"：用于输入空翻的影像数量。"带"的最大数值为 8。

"填充颜色"：用于设置空白区域的颜色。

"翻转"切换转场效果如图 3-33 和图 3-34 所示。

图 3-33

图 3-34

10. 门

"门"特效使影片 B 如同关门一样覆盖影片 A，效果如图 3-35 和图 3-36 所示。

图 3-35

图 3-36

3.2.2　伸展

"伸展"文件夹下共包含 4 种切换视频特效。

1. 交叉伸展

"交叉伸展"特效使影片 A 逐渐被影片 B 平行挤压替代，效果如图 3-37 和图 3-38 所示。

图 3-37

图 3-38

2. 伸展

"伸展"特效使影片 A 从一边伸展开覆盖影片 B，效果如图 3-39 和图 3-40 所示。

图 3-39

图 3-40

3. 伸展覆盖

"伸展覆盖"特效使影片 B 拉伸出现，逐渐覆盖影片 A，效果如图 3-41 和图 3-42 所示。

图 3-41

图 3-42

4. 伸展进入

"伸展进入"特效使影片 B 在影片 A 的中心横向伸展，效果如图 3-43 和图 3-44 所示。

图 3-43

图 3-44

3.2.3 划像

"划像"文件夹中共包含 7 种视频转换特效。

1. 划像交叉

"划像交叉"特效使影片 B 呈十字形从影片 A 中展开，效果如图 3-45 和图 3-46 所示。

图 3-45

图 3-46

2. 划像形状

"划像形状"特效使影片 B 产生多个规则形状从影片 A 中展开。在"特效控制台"窗口中单击"自定义"按钮，弹出"划像形状设置"对话框，如图 3-47 所示。

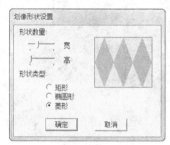

图 3-47

"形状数量"：拖曳滑块调整水平和垂直方向规则形状的数量。

"形状类型"：选择形状，如矩形、椭圆和菱形等。

"划像形状"转场效果如图 3-48 和图 3-49 所示。

图 3-48

图 3-49

3. 圆划像

"圆划像"特效使影片 B 呈圆形从影片 A 中心展开，效果如图 3-50 和图 3-51 所示。

图 3-50

图 3-51

4. 星形划像

"星形划像"特效使影片 B 呈星形从影片 A 正中心展开，效果如图 3-52 和图 3-53 所示。

图 3-52

图 3-53

5. 点划像

"点划像"特效使影片 B 呈斜角十字形从影片 A 中铺开，效果如图 3-54 和图 3-55 所示。

图 3-54

图 3-55

6. 盒形划像

"盒形划像"特效使影片 B 呈矩形从影片 A 中展开，效果如图 3-56 和图 3-57 所示。

图 3-56

图 3-57

7. 菱形划像

"菱形划像"特效使影片 B 呈菱形从影片 A 中展开，效果如图 3-58 和图 3-59 所示。

图 3-58

图 3-59

3.2.4　卷页

"卷页"文件夹中共有 5 种视频卷页切换效果。

1. 中心剥落

"中心剥落"特效使影片 A 在正中心分为 4 块分别向四角卷起，露出影片 B，效果如图 3-60 和图 3-61 所示。

图 3-60

图 3-61

2. 剥开背面

"剥开背面"特效使影片 A 由中心点向四周分别卷起,露出影片B,效果如图3-62和图3-63所示。

图 3-62

图 3-63

3. 卷走

"卷走"特效使影片 A 呈卷轴卷起效果,露出影片 B,效果如图3-64和图3-65所示。

图 3-64

图 3-65

4. 翻页

"翻页"特效使影片A从左上角向右下角卷动,露出影片B,效果如图3-66和图3-67所示。

图 3-66

图 3-67

5. 页面剥落

"页面剥落"特效使影片A像纸一样被翻卷起,露出影片 B,如图3-68和图3-69所示。

图 3-68

图 3-69

3.2.5 叠化

"叠化"文件夹下共包含 7 种溶解效果的视频转场特效。

1. 交叉叠化

"交叉叠化"特效使影片 A 淡化为影片 B，效果如图 3-70 和图 3-71 所示。该切换为标准的淡入/淡出切换。在支持 Premiere Pro CS5 的双通道视频卡上，该切换可以实现实时播放。

图 3-70

图 3-71

2. 抖动溶解

"抖动溶解"特效使影片 B 以点的方式出现，取代影片 A，效果如图 3-72 和图 3-73 所示。

图 3-72

3. 白场过渡

"白场过渡"特效使影片 A 以变亮的模式淡化为影片 B，效果如图 3-74 和图 3-75 所示。

图 3-73

图 3-74

图 3-75

4. 附加叠化

"附加叠化"特效使影片 A 以加亮模式淡化为影片 B，效果如图 3-76 和图 3-77 所示。

图 3-76

5. 随机反相

"随机反相"特效以随意块方式使影片 A 过渡到影片 B，并在随意块中显示反色效果。在"特效控制台"窗口中单击"自定义"按钮，弹出"随机反相设置"对话框,如图 3-78 所示。

图 3-77

图 3-78

"宽":设置图像水平随意块数量。

"高":设置图像垂直随意块数量。

"反相源":显示影片 A 的反色效果。

"反相目标":显示影片 B 的反色效果。

"随机反相"特效转换效果如图 3-79 和图 3-80 所示。

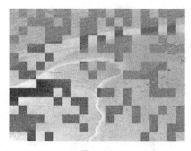

图 3-79

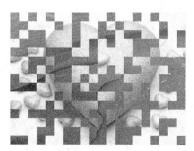

图 3-80

6. 非附加叠化

"非附加叠化"特效使影片 A 与影片 B 的亮度叠加消溶,效果如图 3-81 和图 3-82 所示。

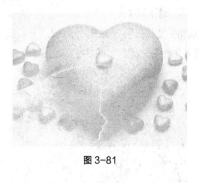

图 3-81

图 3-82

7. 黑场过渡

"黑场过渡"特效使影片 A 以变暗的模式淡化为影片 B,效果如图 3-83 和图 3-84 所示。

图 3-83

图 3-84

3.2.6 擦除

"擦除"文件夹中共包含 17 种切换的视频转场特效。

1. 双侧平推门

"双侧平推门"特效使影片 A 以展开和关门的方式过渡到影片 B，效果如图 3-85 和图 3-86 所示。

图 3-85

图 3-86

2. 带状擦除

"带状擦除"特效使影片 B 从水平方向以条状进入并覆盖影片 A，效果如图 3-87 和图 3-88 所示。

图 3-87

图 3-88

3. 径向划变

"径向划变"特效使影片 B 的画面从影片 A 的一角扫入，效果如图 3-89 和图 3-90 所示。

图 3-89

图 3-90

4. 插入

"插入"特效使影片 B 从左上角斜插进入影片 A，效果如图 3-91 和图 3-92 所示。

图 3-91

图 3-92

5. 擦除

"擦除"特效使影片 B 逐渐扫过影片 A，效果如图 3-93 和图 3-94 所示。

图 3-93

图 3-94

6. 时钟式划变

"时钟式划变"特效使影片 A 以时钟旋转方式过渡到影片 B，效果如图 3-95 和图 3-96 所示。

图 3-95

图 3-96

7. 棋盘

"棋盘"特效使影片 A 以棋盘消失方式过渡到影片 B，效果如图 3-97 和图 3-98 所示。

图 3-97

图 3-98

8. 棋盘划变

"棋盘划变"特效使影片 B 以方格形式逐行出现覆盖影片 A，效果如图 3-99 和图 3-100 所示。

图 3-99

图 3-100

9. 楔形划变

"楔形划变"特效使影片 B 呈扇形打开扫入，效果如图 3-101 和图 3-102 所示。

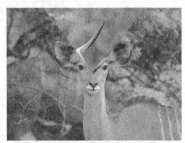

图 3-101

图 3-102

10. 水波块

"水波块"特效使影片 B 沿"Z"字形交错扫过影片 A。在"特效控制台"窗口中单击"自定义"按钮，弹出"水波块设置"对话框，如图 3-103 所示。

图 3-103

"水平"：输入水平方向的方格数量。

"垂直"：输入垂直方向的方格数量。

"水波块"切换特效如图 3-104 和图 3-105 所示。

图 3-104

图 3-105

11. 油漆飞溅

"油漆飞溅"特效使影片 B 以墨点状覆盖影片 A，效果如图 3-106 和图 3-107 所示。

图 3-106

图 3-107

12. 渐变擦除

"渐变擦除"特效可以用一张灰度图像制作出渐变切换。在渐变切换中，影片 A 充满灰度图像的黑色区域，然后通过每一个灰度开始显示进行切换，直到白色区域完全透明。

在"特效控制台"窗口中单击"自定义"按钮，弹出"渐变擦除设置"对话框，如图 3-108 所示。

图 3-108

"选择图像"：单击此按钮，可以选择作为灰度图的图像。

"柔和度"：设置过渡边缘的羽化程度。

"渐变擦除"切换特效如图 3-109 和图 3-110 所示。

图 3-109

图 3-110

13. 百叶窗

"百叶窗"特效使影片 B 在逐渐加粗的线条中逐渐显示，类似于百叶窗效果，效果如图 3-111 和图 3-112 所示。

图 3-111

图 3-112

14. 螺旋框

"螺旋框"特效使影片 B 以螺纹块状旋转出现，在"特效控制台"窗口中单击"自定义"按钮，弹出"螺旋框设置"对话框，如图 3-113 所示。

图 3-113

"水平"：输入水平方向的方格数量。

"垂直"：输入垂直方向的方格数量。

"螺旋框"切换效果如图 3-114 和图 3-115 所示。

图 3-114

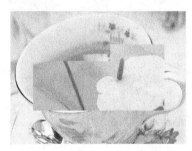

图 3-115

15. 随机块

"随机块"特效使影片 B 以方块形式随意出现并覆盖影片 A，效果如图 3-116 和图 3-117 所示。

图 3-116

图 3-117

16. 随机擦除

"随机擦除"特效使影片 B 产生随意方块，以由上向下擦除的形式覆盖影片 A，效果如图 3-118 和图 3-119 所示。

图 3-118

图 3-119

17. 风车

"风车"特效使影片 B 以风车轮状旋转覆盖影片 A，效果如图 3-120 和图 3-121 所示。

图 3-120

图 3-121

3.2.7 滑动

"滑动"文件夹中共包含 12 种视频切换效果。

1. 中心合并

"中心合并"特效使影片 A 分裂成 4 块，由中心分开并逐渐覆盖影片 B，效果如图 3-122 和图 3-123 所示。

图 3-122

图 3-123

2. 中心拆分

"中心拆分"特效使影片 A 从中心分裂为 4 块，向四角滑出，显示出影片 B。效果如图 3-124 和图 3-125 所示。

图 3-124

图 3-125

3．互换

"互换"特效使影片 B 从影片 A 的后方向前方
覆盖影片 A，效果如图 3-126 和图 3-127 所示。

图 3-126

图 3-127

4．多旋转

"多旋转"特效使影片 B 被分割成若干个小方
格旋转铺入。在"特效控制台"窗口中单击"自定
义"按钮，弹出"多旋转设置"对话框，如图 3-128
所示。

图 3-128

"水平"：输入水平方向的方格数量。

"垂直"：输入垂直方向的方格数量。

"多旋转"切换效果如图 3-129 和图 3-130 所示。

图 3-129

图 3-130

5．带状滑动

"带状滑动"特效使影片 B 以条状进入并逐渐覆盖
影片 A。在"特效控制台"窗口中单击"自定义"按钮，
弹出"带状滑动设置"对话框，如图 3-131 所示。

"带数量"：输入切换条数目。

"带状滑动"转换特效的效果如图 3-132 和
图 3-133 所示。

图 3-131

图 3-132

图 3-133

6. 拆分

"拆分"特效使影片 A 像门一样自动打开露出影片 B，效果如图 3-134 和图 3-135 所示。

图 3-134

图 3-135

7. 推

"推"特效使影片 B 将影片 A 推出屏幕，效果如图 3-136 和图 3-137 所示。

图 3-136

图 3-137

8. 斜线滑动

"斜线滑动"特效使影片 B 呈自由线条状滑入影片 A。在"特效控制台"窗口中单击"自定义"按钮，弹出"斜线滑动设置"对话框，如图 3-138 所示。

图 3-138

"切片数量"：用于输入转换切片数目。

"斜线滑动"切换特效的效果如图 3-139 和图 3-140 所示。

图 3-139

图 3-140

9. 滑动

"滑动"特效使影片 B 滑入覆盖影片 A，效果如图 3-141 和图 3-142 所示。

图 3-141

图 3-142

10. 滑动带

"滑动带"特效使影片 B 在水平或垂直的线条中逐渐显示,效果如图 3-143 和图 3-144 所示。

图 3-143

图 3-144

11. 滑动框

"滑动框"特效与"滑动带"特效类似,使影片 B 像累积积木一样逐渐形成,效果如图 3-145

和图 3-146 所示。

图 3-145

图 3-146

12. 漩涡

"漩涡"特效使影片 B 打破为若干方块从影片 A 中旋转而出。在"特效控制台"窗口中单击"自定义"按钮,弹出"漩涡设置"对话框,如图 3-147 所示。

"水平":输入水平方向产生的方块数量。

"垂直":输入垂直方向产生的方块数量。

"速率(%)":输入旋转度。

"漩涡"切换特效的效果如图 3-148 和图 3-149 所示。

图 3-147

图 3-148

图 3-149

3.2.8 缩放

"缩放"文件夹下共包含 4 种以缩放方式过渡的切换视频特效。

1. 交叉缩放

"交叉缩放"特效使影片 A 放大冲出，影片 B 缩小进入，效果如图 3-150 和图 3-151 所示。

图 3-150

图 3-151

2. 缩放

"缩放"特效使影片 B 从影片 A 中放大出现，效果如图 3-152 和图 3-153 所示。

图 3-152

图 3-153

3. 缩放拖尾

"缩放拖尾"特效使影片 A 缩小，并带有拖尾消失，效果如图 3-154 和图 3-155 所示。

图 3-154

图 3-155

4. 缩放框

"缩放框"特效使影片 B 分为多个方块从影片 A 中放大出现。在"特效控制台"窗口中单击"自定义"按钮，弹出"缩放框设置"对话框，如图 3-156 所示。

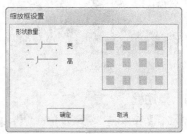

图 3-156

"形状数量": 拖曳滑块, 设置水平方向和垂直方向的方块数量。

"缩放框" 切换特效如图 3-157 和图 3-158 所示。

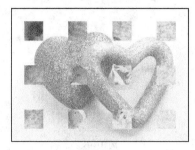

图 3-157

图 3-158

3.2.9 课堂案例——美食集锦

编辑图像的伸展选项与图形的缩放选项制作图像转场。

使用 "伸展进入" 命令制作视频从一边伸展覆盖效果; 使用 "双侧平推门" 命令制作视频展开和关门效果; 使用 "缩放框" 命令制作视频多个方块形状; 使用 "缩放比例" 选项编辑图像的大小; 使用 "自动对比度" 命令编辑图像的亮度对比度; 使用 "自动色阶" 命令编辑图像的明亮度。美食集锦效果如图 3-159 所示。

图 3-159

光盘/Ch03/美食集锦.prproj。

1. 新建项目与导入视频

（1）启动 Premiere Pro CS5 软件, 弹出 "欢迎使用 Adobe Premiere Pro" 界面, 单击 "新建项目" 按钮 , 弹出 "新建项目" 对话框, 设置 "位置" 选项, 选择文件保存路径, 在 "名称" 文本框中输入文件名 "美食集锦", 如图 3-160 所示。单击 "确定" 按钮, 弹出 "新建序列" 对话框, 在左侧的列表中展开 "DV-PAL" 选项, 选中 "标准 48kHz" 模式, 如图 3-161 所示, 单击 "确定" 按钮。

图 3-160

图 3-161

（2）选择 "文件 > 导入" 命令, 弹出 "导入" 对话框, 选择光盘中的 "Ch03/美食集锦/素材" 目录下的 "01、02、03 和 04" 文件, 单击 "打开"

按钮，导入图片，如图 3-162 所示。导入后的文件排列在"项目"面板中，如图 3-163 所示。

图 3-162

图 3-163

（3）按住<Ctrl>键，在"项目"面板中分别选中"01、02、03 和 04"文件并将其拖曳到"时间线"窗口中的"视频 1"轨道中，如图 3-164 所示。

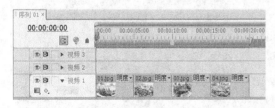

图 3-164

2. 制作视频转场特效

（1）选择"窗口 > 效果"命令，弹出"效果"面板，展开"视频切换"特效分类选项，单击"伸展"文件夹前面的三角形按钮 ▶ 将其展开，选中"伸展进入"特效，如图 3-165 所示。将"伸展进入"特效拖曳到"时间线"窗口中的"01"文件的结尾

处与"02"文件的开始位置，如图 3-166 所示。

图 3-165

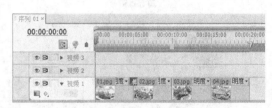

图 3-166

（2）选择"效果"面板，展开"视频切换"特效分类选项，单击"擦除"文件夹前面的三角形按钮 ▶ 将其展开，选中"双侧平推门"特效，如图 3-167 所示。将"双侧平推门"特效拖曳到"时间线"窗口中的"02"文件的结尾处与"03"文件的开始位置，如图 3-168 所示。

图 3-167

图 3-168

（3）选择"效果"面板，展开"视频切换"特

效分类选项，单击"缩放"文件夹前面的三角形按钮 ▶ 将其展开，选中"缩放框"特效，如图3-169所示。将"缩放框"特效拖曳到"时间线"窗口中的"03"文件的结尾处与"04"文件的开始位置之间，如图3-170所示。

图 3-169

图 3-170

（4）选中"时间线"窗口中的"01"文件，选择"特效控制台"面板，展开"运动"选项，将"缩放比例"选项设置为110.0，如图3-171所示。在"节目"窗口中预览效果，如图3-172所示。

图 3-171

（5）选中"时间线"窗口中的"02"文件，选择"特效控制台"面板，展开"运动"选项，将"缩放比例"选项设置为110.0，如图3-173所示。在"节目"窗口中预览效果，如图3-174所示。用相

同的方法缩放其他两个文件。

图 3-172

图 3-173

图 3-174

（6）选择"效果"面板，展开"视频效果"特效分类选项，单击"调整"文件夹前面的三角形按钮 ▶ 将其展开，选中"自动对比度"特效，如图3-175所示。将"自动对比度"特效拖曳到"时间线"窗口中的"03"文件上，如图3-176所示。

（7）选择"特效控制台"面板，展开"自动对

比度"特效并进行参数设置，如图 3-177 所示。在
"节目"窗口中预览效果，如图 3-178 所示。

图 3-175

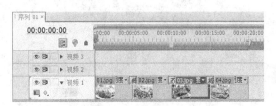

图 3-176

图 3-177

图 3-178

（8）选择"效果"面板，展开"视频效果"
特效分类选项，单击"调整"文件夹前面的三
角形按钮 ▶ 将其展开，选中"自动色阶"特效，
如图 3-179 所示。将"自动色阶"特效拖曳到
"时间线"窗口中的"04"文件上，如图 3-180
所示。

图 3-179

图 3-180

（9）选择"特效控制台"面板，展开"自动色
阶"选项并进行参数设置，如图 3-181 所示。在"节
目"窗口中预览效果，如图 3-182 所示。

图 3-181

（10）美食集锦制作完成，最终效果如图 3-183
所示。

图 3-182

图 3-183

图 3-184

3.4 课后习题
——激情运动

习题知识要点

使用"随机块"命令制作图像以随意形成的图块进行转场；使用"抖动溶解"命令制作图像与图像之间的溶解效果；使用"旋转"命令制作图像的旋转消失效果；使用"擦除"命令制作图像运动擦除效果；使用"交叉伸展"命令制作图像与图像之间的转场效果。激情运动效果如图 3-185 所示。

效果所在位置

光盘/Ch03/激情运动.prproj。

图 3-185

3.3 课堂练习
——海上乐园

练习知识要点

使用"马赛克"命令制作马赛克效果的图像与动画；使用"渐变擦除"命令制作图像运动擦除；使用"时钟式划变"命令制作图像与图像之间的擦除。海上乐园效果如图 3-184 所示。

效果所在位置

光盘/Ch03/海上乐园.prproj。

4

Chapter

第 4 章
视频特效应用

本章主要介绍 Premiere Pro CS5 中的视频特效，这些特效可以应用在视频、图片和文字上。通过本章的学习，读者可以快速了解并掌握视频特效制作的精髓部分，随心所欲地创作出丰富多彩的视觉效果

课堂学习目标

- 应用视频特效
- 使用关键帧控制效果
- 视频特效与特效操作

4.1 应用视频特效

为素材添加一个效果很简单，只需从"效果"窗口中拖曳一个特效到"时间线"窗口中的素材片段上即可。如果素材片段处于被选中状态，也可以拖曳效果到该片段的"特效控制台"窗口中。

4.2 使用关键帧控制效果

在 Premiere Pro CS5 中，可以添加、选择和编辑关键帧。下面仅对关键帧的基本操作进行具体介绍。

4.2.1 关于关键帧

若使效果随时间而改变，可以使用关键帧技术。当创建了一个关键帧后，就可以指定一个效果属性在确切的时间点上的值；当为多个关键帧赋予不同的值时，Premiere Pro CS5 会自动计算关键帧之间的值，这个处理过程称为"插补"。对于大多数标准效果，都可以在素材的整个时间长度中设置关键帧。对于固定效果，如位置和缩放，可以设置关键帧使素材产生动画，也可以移动、复制或删除关键帧和改变插补的模式。

4.2.2 激活关键帧

为了设置动画效果属性，必须激活属性的关键帧。任何支持关键帧的效果属性都包括固定动画按钮，单击该按钮可插入一个关键帧。插入关键帧（即激活关键帧）后，就可以添加和调整素材所需要的属性了，如图 4-1 所示。

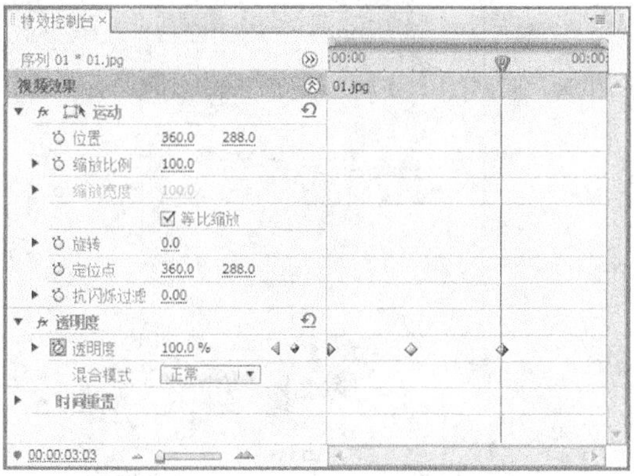

图 4-1

4.3 视频特效与特效操作

在认识了视频特效的基本使用方法后，下面对 Premiere Pro CS5 中的各种视频特效进行详细介绍。

4.3.1 模糊与锐化视频特效

模糊与锐化视频特效主要针对镜头画面进行锐化或模糊处理，共包含 10 种特效。

1. 快速模糊

该特效可以指定画面的模糊程度，也可以指定水平方向、垂直方向或同时两个方向的模糊程度，在模糊图像时使用该特效比使用"高斯模糊"处理速度快。应用该特效后，其参数面板如图 4-2 所示。

图 4-2

画面"模糊量"：用于调节控制影片的模糊程度。

方向"模糊量"：控制图像的模糊尺寸，包括水平与垂直、水平和垂直 3 种方式。

"重复边缘像素"：对视频素材的边缘进行像素模糊处理。

应用"快速模糊"特效前、后的效果分别如图 4-3 和图 4-4 所示。

图 4-3

图 4-4

2. 摄像机模糊

该特效可以使图像离开摄像机焦点范围时产生"虚焦"效果。应用该特效后，其参数面板如图 4-5 所示。

图 4-5

可以调整"特效控制台"窗口中的参数对该特效效果进行设置，直到满意为止。在窗口中单击"设置"按钮，在弹出的"摄像机模糊设置"对话框中进行设置，如图 4-6 所示，设置完成后，单击"确定"按钮。

应用"摄像机模糊"特效前、后的图像效果分别如图 4-7 和图 4-8 所示。

图 4-6

图 4-7

图 4-8

3. 方向模糊

该特效可以在图像中产生一个带有方向性的模糊效果，使素材产生一种幻觉运动特效。应用该特效后，其参数面板如图 4-9 所示。

"方向"：用于设置模糊方向。

"模糊长度"：用于设置图像虚化的程度，拖曳滑块可调整虚化的数值，其数值范围在 0～20 之间。当需要用到高于 20 的数值时，可以单击选项右侧带下画线的数值，将参数文本框激活，然后输入需要的数值。

应用"方向模糊"特效前、后的效果分别如图 4-10 和图 4-11 所示。

图 4-9

4. 残像

"残像"特效可以使影片中运动的物体后面跟

着一串阴影，并随之一起移动，效果如图 4-12 和图 4-13 所示。

图 4-10

图 4-11

图 4-12

图 4-13

5. 消除锯齿

该特效通过平均化图像对比度区域的颜色值来平均整个图像，使图像的高亮区和低亮区渐变柔和。应用该特效后，面板不会产生任何参数设置选项，只对图像进行默认柔化。应用"消除锯齿"特

效前、后的图像效果分别如图 4-14 和图 4-15 所示。

图 4-14

图 4-15

6. 混合模糊

该特效主要通过模拟摄像机快速变焦和旋转镜头来产生具有视觉冲击力的模糊效果。应用该特效后，其参数面板如图 4-16 所示。

图 4-16

"模糊图层"：单击按钮 视频 1 ▼ ，在弹出的列表中选择要模糊的视频轨道，如图 4-17 所示。

图 4-17

"最大模糊"：对模糊的数值进行调节。

"伸展图层以适配"：勾选此复选框，可以对使

用模糊效果的影片画面进行拉伸处理。

"反相模糊"：用于对当前设置的效果反转，即模糊反转。

应用"混合模糊"特效前、后的效果分别如图4-18和图4-19所示。

图 4-18

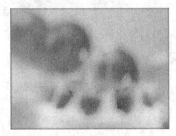

图 4-19

7. 通道模糊

"通道模糊"特效可以对素材的红、绿、蓝和Alpha通道分别进行模糊处理，还可以指定模糊的方向是水平、垂直还是双向的。使用这个特效可以创建辉光效果，或使一个图层的边缘附近变得不透明。

在"特效控制台"窗口中可以设置"通道模糊"特效的参数，如图4-20所示。

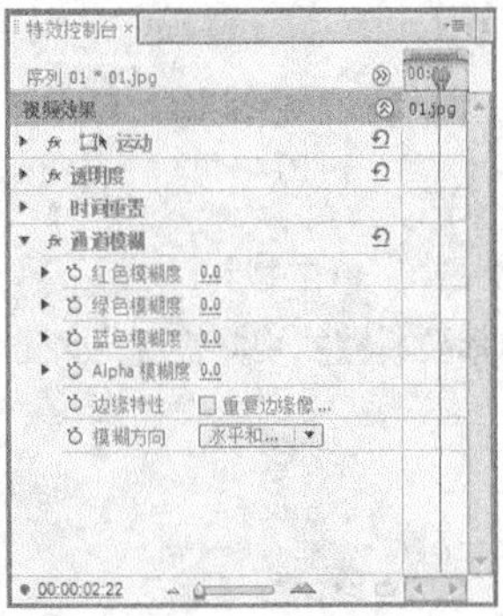

图 4-20

"红色模糊度"：设置红色通道的模糊程度。

"绿色模糊度"：设置绿色通道的模糊程度。

"蓝色模糊度"：设置蓝色通道的模糊程度。

"Alpha 模糊度"：设置 Alpha 通道的模糊程度。

"边缘特性"：勾选"重复边缘像素"复选框，可以使图像的边缘更加透明化。

"模糊方向"：控制图像的模糊方向，包括水平和垂直、水平、垂直 3 种方式。

应用"通道模糊"特效前、后的效果分别如图4-21和图 4-22 所示。

图 4-21

图 4-22

8. 锐化

该特效通过增加相邻像素间的对比度以使图像清晰化。应用该特效后，其参数面板如图4-23所示。

"锐化数量"：用于调整画面的锐化程度。

应用"锐化"特效前、后的效果分别如图4-24和图 4-25 所示。

图 4-23

图 4-24

图 4-25

9．非锐化遮罩

该特效可以调整图像的色彩锐化程度。应用该特效后，其参数面板如图 4-26 所示。

图 4-26

"数量"：设置颜色边缘差别值的大小。

"半径"：设置颜色边缘产生差别的范围。

"阈值"：设置颜色边缘之间允许的差别范围，值越小，效果越明显。

应用"非锐化遮罩"特效前、后的效果分别如图 4-27 和图 4-28 所示。

10．高斯模糊

该特效可以大幅度地模糊图像，使其产生虚化的效果。应用该特效后，其参数面板如图 4-29 所示。

"模糊度"：用于调节影片的模糊程度。

图 4-27

图 4-28

图 4-29

"模糊方向"：控制图像的模糊方向，包括水平和垂直、水平、垂直 3 种方式。

应用"高斯模糊"特效前、后的效果分别如图 4-30 和图 4-31 所示。

图 4-30

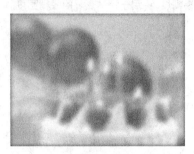

图 4-31

4.3.2　色彩校正视频特效

　　色彩校正视频特效主要用于对视频素材进行颜色校正。该特效包括了 17 种类型。

1.　RGB 曲线

　　该特效通过曲线调整红色、绿色和蓝色通道中的数值，达到改变图像色彩的目的。应用"RGB 曲线"特效前、后的效果分别如图 4-32 和图 4-33 所示。

图 4-32

图 4-33

2.　RGB 色彩校正

　　该特效通过修改 R、G、B 这 3 个通道中的参数，来实现图像色彩的改变。应用"RGB 色彩校正"特效前、后的效果分别如图 4-34 和图 4-35 所示。

图 4-34

图 4-35

3.　三路色彩校正

　　该特效通过旋转 3 个色盘来平衡画面的颜色。应用"三路色彩校正"特效前、后的效果分别如图 4-36 和图 4-37 所示。

图 4-36

图 4-37

4.　亮度与对比度

　　该特效用于调整素材的亮度和对比度，并同时调节所有素材的亮部、暗部和中间色。应用该特效后，其参数面板如图 4-38 所示。

图 4-38

"亮度"：调整素材画面的亮度。

"对比度"：调整素材画面的对比度。

应用"亮度与对比度"特效前、后的效果分别如图 4-39 和图 4-40 所示。

图 4-39

图 4-40

5. 亮度曲线

该特效通过亮度曲线图实现对图像亮度的调整。应用"亮度曲线"特效前、后的效果分别如图 4-41 和图 4-42 所示。

6. 亮度校正

该特效通过亮度进行图像颜色的校正。应用该特效后，其参数面板如图 4-43 所示。

图 4-41

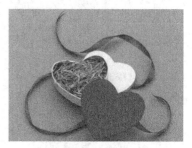

图 4-42

"输出"：设置输出的选项，包括"复合"、"Luma"、"蒙版"和"色调范围"4 个选项，如果勾选"显示拆分视图"复选框，就可以对图像进行分屏预览。

"版面"：设置分屏预览的布局，分为水平和垂直两种方式。

"拆分视图百分比"：用于对分屏比例进行设置。

"色调范围定义"：用于选择调整的区域。"色调范围"下拉列表中包含"主"、"高光"、"中间调"和"阴影"4 个选项。

"亮度"：对图像的亮度进行设置。

"对比度"：该参数用于改变图像的对比度。

"对比度等级"：用于设置对比度的级别。

"辅助色彩校正"：用于对二级色彩进行修正。

应用"亮度校正"特效前、后的效果分别如图 4-44 和图 4-45 所示。

图 4-43

图 4-44

图 4-45

7. 分色

该特效可以准确地指定颜色或者删除图层中的颜色。应用该特效后，其参数面板如图 4-46 所示。

"脱色量"：设置指定图层中需要删除的颜色数量。

"要保留的颜色"：设置图像中需分离的颜色。

"宽容度"：用于设置颜色的容差度。

"边缘柔和度"：用于设置颜色分界线的柔化程度。

"匹配颜色"：设置颜色的对应模式。

应用"分色"特效前、后的效果分别如图 4-47 和图 4-48 所示。

图 4-46

8. 广播级颜色

该特效可以校正广播级的颜色和亮度，使影视

作品在电视机中精确地播放。应用该特效后，其参数面板如图 4-49 所示。

图 4-47

图 4-48

"广播区域"：用于设置 PAL 和 NTSC 两种电视制式。

"如何确保颜色安全"：设置实现安全色的方法。

"最大信号波幅（IRE）"：限制最大的信号幅度。

应用"广播级颜色"特效前、后的效果分别如图 4-50 和图 4-51 所示。

图 4-49

9. 快速色彩校正

应用该特效能够快速进行图像颜色修正。应用该特效后，其参数面板如图 4-52 所示。

图 4-50

图 4-51

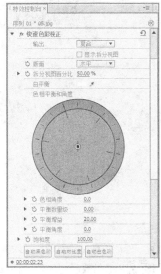

图 4-52

"输出"：设置输出的选项，包括"复合"、"Luam"和"蒙版"3 个选项，如果勾选"显示拆分视图"复选框，就可对图像进行分屏预览。

"版面"：设置分屏预览的布局，包括"水平"和"垂直"两个选项。

"拆分视图百分比"：用于对分屏比例进行设置。

"白平衡"：用于设置白色平衡，数值越大，画面中的白色越多。

"色相平衡和角度"：用于调整色调平衡和角度，可以直接使用色盘改变画面中的色调。

"色相角度"：设置色调的补色在色盘上的位置。

"平衡数量级"：设置平衡的数量。

"平衡增益"：增加白色平衡。

"平衡角度"：设置白色平衡的角度。

"饱和度"：用于设置画面颜色的饱和度。

自动黑色阶：单击该按钮，将自动进行黑色级别调整。

自动对比度：单击该按钮，将自动进行对比度调整。

自动白色阶：单击该按钮，将自动进行白色级别调整。

"黑色阶"：用于设置黑色级别的颜色。

"灰色阶"：用于设置灰色级别的颜色。

"白色阶"：用于设置白色级别的颜色。

"输入电平"：对输入的颜色进行级别调整，拖曳该选项颜色条下的 3 个滑块，将对"输入黑色阶"、"输入灰色阶"和"输入白色阶"3 个参数产生影响。

"输出电平"：对输出的颜色进行级别调整，拖曳该选项颜色条下的两个滑块，将对"输出黑色阶"和"输出白色阶"两个参数产生影响。

"输入黑色阶"：用于调节黑色输入时的级别。

"输入灰色阶"：用于调节灰色输入时的级别。

"输入白色阶"：用于调节白色输入时的级别。

"输出黑色阶"：用于调节黑色输出时的级别。

"输出白色阶"：用于调节白色输出时的级别。

应用"快速色彩校正"特效前、后的效果分别如图 4-53 和图 4-54 所示。

图 4-53

图 4-54

10. 更改颜色

该特效用于改变图像中某种颜色区域的色调。应用该特效后，其参数面板如图4-55所示。

图4-55

"视图"：该选项用于设置合成图像的观看效果，包含了两个选项，分别为"校正的图层"和"色彩校正蒙版"。

"色相变换"：调整色相，以"度"为单位改变所选区域的颜色。

"明度变换"：设置所选颜色的明暗度。

"饱和度变换"：设置所选颜色的饱和度。

"要更改的颜色"：设置图像中要改变颜色的区域。

"匹配宽容度"：设置颜色匹配的相似程度。

"匹配柔和度"：设置颜色的柔和度。

"匹配颜色"：设置颜色空间，包括"使用RGB"、"使用色相"和"使用色度"3个选项。

"反相色彩校正蒙版"：勾选此复选框，可以将颜色进行反向校正。

应用"更改颜色"特效前、后的效果分别如图4-56和图4-57所示。

图4-56

11. 染色

该特效用于调整图像中包含的颜色信息，在最亮和最暗之间确定融合度。应用"染色"特效前、后的效果如图4-58和图4-59所示。

图4-57

图4-58

图4-59

12. 色彩均化

该特效可以修改图像的像素值，并对其颜色值进行平均化处理。应用该特效后，其参数面板如图4-60所示。

图4-60

"色调均化"：用于设置色调平均化的方式，包括"RGB"、"亮度"和"Photoshop 样式"3 个选项。

"色调均化量"：用于设置重新分布亮度值的程度。

应用"色彩均化"特效前、后的效果分别如图 4-61 和图 4-62 所示。

图 4-61

图 4-62

13. 色彩平衡

应用该特效，可以按照 RGB 颜色调节影片的颜色，以达到校色的目的。应用"色彩平衡"特效前、后的效果分别如图 4-63 和图 4-64 所示。

图 4-63

14. 色彩平衡（HLS）

该特效通过对图像色相、亮度和饱和度的精确调整，可以实现对图像颜色的改变。应用该特效后，其参数面板如图 4-65 所示。

"色相"：该参数可以改变图像的色相。

"明度"：设置图像的亮度。

图 4-64

图 4-65

"饱和度"：设置图像的饱和度。

应用"色彩平衡（HLS）"特效前、后的效果分别如图 4-66 和图 4-67 所示。

图 4-66

图 4-67

15. 视频限幅器

该特效利用视频限制器对图像的颜色进行调整。应用"视频限幅器"特效前、后的效果分别如图 4-68 和图 4-69 所示。

图 4-68

图 4-69

16. 转换颜色

该特效可以在图像中选择一种颜色将其转换为另一种色调、明度和饱和度的颜色。应用该特效后，其参数面板如图 4-70 所示。

图 4-70

"从"：设置当前图像中需要转换的颜色，该颜色可以利用其右侧的"吸管工具" ![吸管] 在"节目"预览窗口中提取。

"到"：设置转换后的颜色。

"更改"：设置在 HLS 颜色模式下产生影响的通道。

"更改依据"：设置颜色的转换方式，包括"颜色设置"和"颜色变换"两个选项。

"宽容度"：设置色调、明暗度和饱和度的值。

"柔和度"：通过百分比的值控制柔和度。

"查看校正杂边"：通过遮罩控制发生改变的部分。

应用"转换颜色"特效前、后的效果分别如图 4-71 和图 4-72 所示。

图 4-71

图 4-72

17. 通道混合

该特效用于调整通道之间的颜色数值，以实现图像颜色的调整。通过选择每一个颜色通道的百分比组成可以创建高质量的灰度图像，还可以创建高质量的棕色或其他色调的图像，而且可以对通道进行交换和复制。应用"通道混合"特效前、后的效果分别如图 4-73 和图 4-74 所示。

图 4-73

图 4-74

4.3.3　课堂案例——脱色特效

案例学习目标

使用色彩校正命令制作脱色特效。

案例知识要点

使用"亮度与对比度"命令调整图片的亮度与对比度；使用"分色"命令制作图片的脱色效果；使用"亮度曲线"命令调整图片的亮度；使用"更改颜色"命令改变图片中需要调整的颜色。脱色特效效果如图 4-75 所示。

图 4-75

效果图所在位置

光盘/Ch04/脱色特效.prproj。

（1）启动 Premiere Pro CS5 软件，弹出"欢迎使用 Adobe Premiere Pro"界面，单击"新建项目"按钮 ，弹出"新建项目"对话框，设置"位置"选项，选择保存文件路径，在"名称"文本框中输入文件名"脱色特效"，如图 4-76 所示。单击"确定"按钮，弹出"新建序列"对话框，在左侧的列表中展开"DV-PAL"选项，选中"标准 48kHz"模式，如图 4-77 所示，单击"确定"按钮。

图 4-76

图 4-77

（2）选择"文件 > 导入"命令，弹出"导入"对话框，选择光盘中的"Ch04/脱色特效/素材"目录下的"01"文件，单击"打开"按钮，导入文件，如图 4-78 所示。导入后的文件排列在"项目"面板中，如图 4-79 所示。

图 4-78

图 4-79

（3）在"项目"面板中选中"01"文件并将其拖

曳到"时间线"窗口中的"视频1"轨道中，如图4-80所示。在"节目"窗口中预览效果，如图4-81所示。

图 4-80

图 4-81

（4）选择"窗口 > 效果"命令，弹出"效果"面板，展开"视频特效"分类选项，单击"色彩校正"文件夹前面的三角形按钮将其展开，选中"亮度与对比度"特效，如图4-82所示。将"高度与对比度"特效拖曳到"时间线"窗口中的"视频1"轨道的"01"文件上，如图4-83所示。

图 4-82

图 4-83

（5）选择"特效控制台"面板，展开"亮度与对比度"特效并对其进行参数设置，如图4-84所示。在"节目"窗口中预览效果，如图4-85所示。

图 4-84

图 4-85

（6）选择"效果"面板，展开"视频特效"分类选项，单击"色彩校正"文件夹前面的三角形按钮将其展开，选中"分色"特效，如图4-86所示。将"分色"特效拖曳到"时间线"窗口中的"视频1"轨道的"01"文件上，如图4-87所示。

图 4-86

图 4-87

（7）选择"特效控制台"面板，展开"分色"
特效，用吸管工具在图像上吸取要保留的颜色，其
他参数设置如图 4-88 所示。在"节目"窗口中预
览效果，如图 4-89 所示。

图 4-88

图 4-89

（8）选择"效果"面板，展开"视频特效"分类
选项，单击"色彩校正"文件夹前面的三角形按钮▶将
其展开，选中"亮度曲线"特效，如图 4-90 所示。
将"亮度曲线"特效拖曳到"时间线"窗口中的"视
频 1"轨道的"01"文件上，如图 4-91 所示。

（9）选择"特效控制台"面板，展开"亮度曲
线"特效并对其进行参数设置，如图 4-92 所示。
在"节目"窗口中预览效果，如图 4-93 所示。

图 4-90

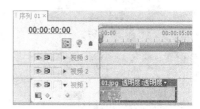

图 4-91

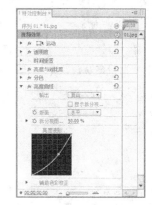

图 4-92

图 4-93

（10）选择"效果"面板，展开"视频特效"分
类选项，单击"色彩校正"文件夹前面的三角形按钮
▶将其展开，选中"更改颜色"特效，如图 4-94 所

示。将"更改颜色"特效拖曳到"时间线"窗口中的"视频1"轨道上的"01"文件上，如图4-95所示。

图4-94

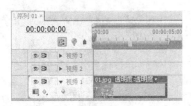

图4-95

（11）选择"特效控制台"面板，展开"更改颜色"特效并对其进行参数设置，如图4-96所示。脱色特效制作完成，在"节目"窗口中预览效果，如图4-97所示。

图4-96

图4-97

4.3.4 扭曲视频特效

扭曲视频特效主要是通过对图像进行几何扭曲变形来制作各种画面的变形效果，共包含11种特效。

1．偏移

该特效可以通过设置偏移量对图像进行位移。应用该特效后，其参数面板如图4-98所示。

图4-98

"将中心转换为"：设置偏移的中心点坐标值。

"与原始图像混合"：设置偏移量，数值越大，效果越明显。

应用"偏移"特效前、后的效果分别如图4-99和图4-100所示。

图4-99

图4-100

2．变换

该特效用于对图像的位置、尺寸、透明度及倾斜度等进行综合设置。应用该特效后，其参数面板如图 4-101 所示。

"定位点"：用于设置定位点的坐标位置。

"位置"：用于设置素材在屏幕中的位置。

"统一缩放"：勾选此复选框，"缩放宽度"将变为不可用，"缩放高度"则变为可供设置的参数选项，设置缩放比例参数时只能成比例地缩放素材。

"缩放高度"/"缩放宽度"：用于设置素材的高度和宽度。

"倾斜"：用于设置素材的倾斜度。

"倾斜轴"：用于设置素材倾斜的角度。

"旋转"：用于设置素材放置的角度。

"透明度"：用于设置素材的透明度。

"快门角度"：用于设置素材的遮挡角度。

应用"变换"特效前、后的效果分别如图 4-102 和图 4-103 所示。

图 4-101

图 4-102

图 4-103

3. 弯曲

应用该特效，可以制作出类似水面上波纹的效果。应用该特效后，其参数面板如图 4-104 所示。

图 4-104

"水平强度"：调整水平方向素材弯曲的程度。

"水平速率"：调整水平方向素材弯曲的比例。

"水平宽度"：调整水平方向素材弯曲的宽度。

"垂直强度"：调整垂直方向素材弯曲的程度。

"垂直速率"：调整垂直方向素材弯曲的比例。

"垂直宽度"：调整垂直方向素材弯曲的宽度。

应用"弯曲"特效前、后的效果分别如图 4-105 和图 4-106 所示。

图 4-105

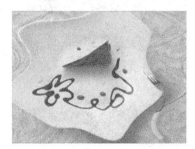

图 4-106

4. 放大

该特效可以将素材的某一部分放大，并可以调整放大区域的透明度，羽化放大区域的边缘。应用该特效后，其参数面板如图 4-107 所示。

图 4-107

"形状"：设置放大区域的形状。

"居中"：设置放大区域的中心点坐标值。

"放大率"：设置放大区域的放大倍数。

"链接"：选择放大区域的模式。

"大小"：设置产生放大效果的区域的尺寸。

"羽化"：设置放大区域边缘的羽化值。

"透明度"：设置放大区域的透明度。

"缩放"：设置缩放的方式。

"混合模式"：设置放大部分与原图颜色的混合模式。

"调整图层大小"：只有在"链接"选项中选择了"无"，才能勾选该复选框。

应用"放大"特效前、后的效果分别如图 4-108 和图 4-109 所示。

图 4-108

图 4-109

5. 旋转扭曲

该特效可以使图像产生沿中心轴旋转的效果。应用该特效后，其参数面板如图 4-110 所示。

图 4-110

"角度"：用于设置漩涡的旋转角度。

"旋转扭曲半径"：用于设置产生的漩涡的半径。

"旋转扭曲中心"：用于设置产生漩涡的中心点位置。

应用"旋转扭曲"特效前、后的效果分别如图 4-111 和图 4-112 所示。

图 4-111

图 4-112

6. 波形弯曲

该特效类似于波纹效果，可以对波纹的形状、方向及宽度等进行设置。应用该特效后，其参数面板如图 4-113 所示。

图 4-113

"波形类型"：用于选择波形的类型模式。

"波形高度" / "波形宽度"：用于设置波形的高度（振幅）/宽度（波长）。

"方向"：用于设置波形旋转的角度。

"波形速度"：用于设置波形的运动速度。

"固定"：用于设置波形的面积模式。

"相位"：用于设置波形的角度。

"消除锯齿（最佳品质）"：选择波形特效的质量。

应用"波形弯曲"特效前、后的效果分别如图 4-114 和图 4-115 所示。

图 4-114

图 4-115

7. 球面化

应用该特效可以在素材中制作出球形画面效果。应用该特效后，其参数面板如图 4-116 所示。

"半径"：用于设置球形的半径值。

"球面中心"：用于设置产生球面效果的中心点的位置。

应用"球面化"特效前、后的效果分别如图 4-117 和图 4-118 所示。

图 4-116

图 4-117

图 4-118

8. 紊乱置换

该特效可以使素材产生类似于流水、旗帜飘动和哈哈镜等的扭曲效果。应用"紊乱置换"特效前、后的效果分别如图 4-119 和图 4-120 所示。

9. 边角固定

应用该特效，可以使图像的 4 个顶点发生变化，以达到变形效果。应用该特效后，其参数面板如图 4-121 所示。

"左上"：调整素材左上角的位置。

"右上"：调整素材右上角的位置。

"左下"：调整素材左下角的位置。

图 4-119

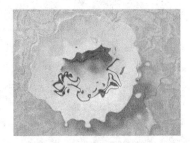

图 4-120

"右下"：调整素材右下角的位置。

提示：除了可以在"特效控制台"面板中调整参数值外，还有一种比较直观、方便的操作方法。单击"边角固定"按钮![icon]，这时在"节目"监视器窗口中，图片的 4 个角上将出现 4 个控制柄![icon]，调整控制柄的位置就可以改变图片的形状。

应用"边角固定"特效前、后的效果分别如图 4-122 和图 4-123 所示。

图 4-121

图 4-122

图 4-123

10. 镜像

应用该特效可以将图像沿一条直线分割为两部分，制作出镜像效果。应用该特效后，其参数面板如图 4-124 所示。

图 4-124

"反射中心"：用于设置镜像效果的中心点坐标值。

"反射角度"：用于设置镜像效果的角度。

应用"镜像"特效前、后的效果分别如图 4-125 和图 4-126 所示。

图 4-125

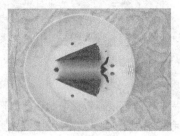

图 4-126

11. 镜头扭曲

该特效可以模拟一种从变形透镜观看素材的效果。应用该特效后，其参数面板如图 4-127 所示。

"弯度"：设置素材的弯曲程度。数值大于 0 时将缩小素材，数值小于 0 时将放大素材。

"垂直偏移"：设置弯曲中心点垂直方向上的位置。

"水平偏移"：设置弯曲中心点水平方向上的位置。

"垂直棱镜效果"：设置素材上、下两边棱角的弧度。

"水平棱镜效果"：设置素材左、右两边棱角的弧度。

提示：单击"设置"按钮，弹出"镜头扭曲设置"对话框，在此对话框中可以更直观地设置效果，如图 4-128 所示。

图 4-127

图 4-128

应用"镜头扭曲"特效前、后的效果分别如图 4-129 和图 4-130 所示。

图 4-129

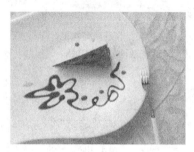

图 4-130

4.3.5 课堂案例——镜像效果

案例学习目标

使用镜像命令制作镜像效果。

案例知识要点

使用"缩放比例"选项改变图像的大小；使用"镜像"命令制作镜像图像；使用"裁剪"命令剪切图像；使用"透明度"选项改变图像的透明度；使用"照明效果"命令改变图像的灯光亮度。镜像效果如图 4-131 所示。

图 4-131

效果所在位置

光盘/Ch04/镜像效果. prproj。

1. 编辑镜像图像

（1）启动 Premiere Pro CS5 软件，弹出"欢迎使用 Adobe Premiere Pro"界面，单击"新建项目"按钮，弹出"新建项目"对话框，设置"位置"选项，选择保存文件路径，在"名称"文本框中输入文件名"镜像效果"，如图 4-132 所示。单击"确定"按钮，弹出"新建序列"对话框，在左侧的列表中展开"DV-PAL"选项，选中"标准 48kHz"模式，如图 4-133 所示，单击"确定"按钮。

图 4-132

图 4-133

（2）选择"文件>导入"命令，弹出"导入"对话框，选择光盘中的"Ch04/镜像效果/素材"目录下的" 01 和 02"文件，单击"打开"按钮，导入图片，如图 4-134 所示。导入后的文件排列在"项目"面板中，如图 4-135 所示。

（3）在"项目"面板中选中"01"文件并将其拖曳到"时间线"窗口中的"视频 1"轨道中，如图 4-136 所示。

（4）选择"窗口 > 效果"命令，弹出"效果"面板，展开"视频特效"分类选项，单击"扭曲"文件夹前面的三角形按钮 将其展开，选中"镜像"特效，如图 4-137 所示。将"镜像"特效拖曳到"时间线"窗口中的"01"文件上，如图 4-138 所示。

图 4-134

图 4-135

图 4-136

图 4-137

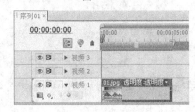

图 4-138

（5）在"时间线"窗口中选中"视频 1"轨道中的"01"文件，然后选择"特效控制台"面板，展开"镜像"特效，将"反射中心"选项设置为 285.0 和 342.0，"反射角度"选项设置为 90.0，如图 4-139 所示。在"节目"窗口中预览效果，如图 4-140 所示。

图 4-139

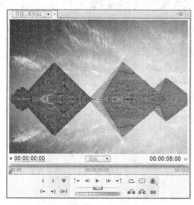

图 4-140

2. 编辑图像透明度

（1）在"项目"面板中选中"02"文件并将其拖曳到"时间线"窗口中的"视频 2"轨道中，如图 4-141 所示。在"时间线"窗口中选中"视频 2"轨道中的"02"文件，然后选择"特效控制台"面板，展开"运动"选项，将"缩放比例"选项设置为 140.0，如图 4-142 所示。在"节目"窗口中预览效果，如图 4-143 所示。

图 4-141

图 4-142

图 4-143

（2）选择"效果"面板，展开"视频特效"分类选项，单击"变换"文件夹前面的三角形按钮▶将其展开，选中"裁剪"特效，如图 4-144 所示。将"裁剪"特效拖曳到"时间线"窗口中的"02"文件上，如图 4-145 所示。

图 4-144

图 4-145

（3）选择"特效控制台"面板，展开"裁剪"特效，将"顶部"选项设置为60.0%，如图 4-146 所示。在"节目"窗口中预览效果，如图 4-147 所示。

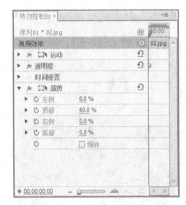

图 4-146

图 4-147

（4）选择"特效控制台"面板，展开"透明度"选项，将"透明度"选项设置为70.0%，如图 4-148 所示。在"节目"窗口中预览效果，如图 4-149 所示。

图 4-148

图 4-149

3. 编辑水面亮度

（1）选择"效果"面板，展开"视频特效"分类选项，单击"调整"文件夹前面的三角形按钮将其展开，选中"照明效果"特效，如图 4-150 所示。将"照明效果"特效拖曳到"时间线"窗口中的"02"文件上，如图 4-151 所示。

图 4-150

图 4-151

（2）选择"特效控制台"面板，展开"照明效果"特效，单击"灯光类型"选项右侧的按钮，在弹出的下拉列表中选择"全光源"，将"中心"选项设置为 570.0 和 300.0，"主要半径"选项设置为 25.0，"强度"选项设置为 40.0，如图 4-152 所示。在"节目"窗口中预览效果，如图 4-153 所示。镜像效果制作完成，如图 4-154 所示。

图 4-152

图 4-153

图 4-154

4.3.6 杂波与颗粒视频特效

杂波与颗粒视频特效主要用于去除素材画面中的擦痕及噪点，共包含 6 种特效。

1. 中值

该特效用于将图像中的每一个像素都用其周围像素的 RGB 平均值来代替，从而达到平均整个画面的色值、收到艺术效果的目的。应用"中值"特效前、后的效果分别如图 4-155 和图 4-156 所示。

2. 杂波

应用该特效，将在画面中添加模拟的噪点效果。应用"杂波"特效前、后的效果分别如图 4-157

和图 4-158 所示。

图 4-155

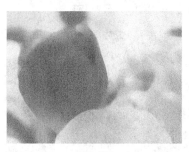

图 4-156

图 4-157

图 4-158

3. 杂波 Alpha

该特效可以在一个素材的通道中添加统一或方形的噪波。应用"杂波 Alpha"特效前、后的效果分别如图 4-159 和图 4-160 所示。

4. 杂波 HLS

该特效可以根据素材的色相、亮度和饱和度添加

不规则的噪点。应用该特效后，其参数面板如图4-161
所示。

图4-159

图4-160

"杂波"：用于设置噪点的类型。

"色相"：用于设置色相通道产生杂质的强度。

"明度"：用于设置亮度通道产生杂质的强度。

"饱和度"：用于设置饱和度通道产生杂质的强度。

"颗粒大小"：用于设置向素材中添加的杂质的
颗粒大小。

"杂波相位"：用于设置杂质的方向角度。

应用"杂波 HLS"特效前、后的效果分别
如图 4-162 和图 4-163 所示。

图4-161

5. 灰尘与划痕

该特效可以减小图像中的杂色，以达到平衡整

个图像色彩的效果。应用该特效后，其参数面板如
图 4-164 所示。

图4-162

图4-163

图4-164

"半径"：用于设置产生柔化效果的半径范围。

"阈值"：用于设置柔化的强度。

应用"灰尘与划痕"特效前、后的效果分别如
图 4-165 和图 4-166 所示。

图4-165

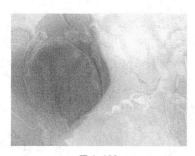

图 4-166

6. 自动杂波 HLS

该特效可以为素材添加杂质，并设置这些杂质的色彩、亮度、颗粒大小、饱和度及杂质的运动速率。应用"自动杂波 HLS"特效前、后的效果分别如图 4-167 和图 4-168 所示。

图 4-167

图 4-168

4.3.7 透视视频特效

透视视频特效主要用于制作三维透视效果，使素材产生立体感或空间感，该特效共包含 5 种类型。

1. 基本 3D

该特效可以模拟平面图像在三维空间的运动效果，能够使素材绕水平和垂直方向的轴旋转，或者沿着虚拟的 z 轴移动，以靠近或远离屏幕。此外，使用该特效可以为旋转的素材表面添加反光效果。应用该特效后，其参数面板如图 4-169 所示。

"旋转"：设置素材水平旋转的角度，当旋转角度为 90° 时，可以看到素材的背面，这就成了正面

的镜像。

"倾斜"：设置素材垂直旋转的角度。

"与图像的距离"：设置素材拉近或推远的距离。数值越大，素材距离屏幕越远，看起来越小；数值越小，素材距离屏幕越近，看起来就越大。当数值为负值时，图像会被放大并超出屏幕之外。

"镜面高光"：用于为素材添加反光效果。

"预览"：设置图像以线框的形式显示。

应用"基本 3D"特效前、后的效果分别如图 4-170 和图 4-171 所示。

图 4-169

图 4-170

图 4-171

2. 径向阴影

该特效为素材添加一个阴影，并可通过原素材的 Alpha 值影响阴影的颜色。应用该特效后，其参数面板如图 4-172 所示。

图 4-172

"阴影颜色"：用于设置阴影的颜色。

"透明度"：用于设置阴影的透明度。

"光源"：通过调整光源可以移动阴影的位置。

"投影距离"：设置该参数，可以调整阴影与原素材之间的距离。

"柔和度"：用于设置阴影的边缘柔和度。

"渲染"：选择产生阴影的类型。

"颜色影响"：用于设置原素材在阴影中彩色值的总和。如果这一个素材没有透明因素，彩色值将不会受到影响，而且阴影彩色数值决定了阴影的颜色。

"仅阴影"：勾选此复选框，在节目监视器中将只显示素材的阴影。

"调整图层大小"：设置阴影是否可以超出原素材的界线。如果不勾选此复选框，阴影将只能在原素材的界线内显示。

应用"径向阴影"特效前、后的效果分别如图 4-173 和图 4-174 所示。

图 4-173

图 4-174

3. 投影

该特效可用于为素材添加阴影。应用该特效后，其参数面板如图 4-175 所示。

图 4-175

"阴影颜色"：用于设置阴影的颜色。

"透明度"：用于设置阴影的透明度。

"方向"：用于设置阴影投影的角度。

"距离"：用于设置阴影与原素材之间的距离。

"柔和度"：用于设置阴影的边缘柔和度。

"仅阴影"：勾选此复选框，在节目监视器中将只显示素材的阴影。

应用"投影"特效前、后的效果分别如图 4-176 和图 4-177 所示。

图 4-176

图 4-177

4. 斜面 Alpha

该特效能够产生一个倒角的边，而且能使图像的 Alpha 通道边界变亮。通常是给一个二维图像赋予三维效果，如果素材没有 Alpha 通道或它的 Alpha 通道是完全不透明的，那么这个效果就会完全应用到素材边缘。应用该特效后，其参数面板如图 4-178 所示。

图 4-178

"边缘厚度"：用于设置素材边缘的厚度。

"照明角度"：用于设置光线照射的角度。

"照明颜色"：用于选择光线的颜色。

"照明强度"：用于设置光线照射素材的强度。

应用"斜面 Alpha"特效前、后的效果分别如图 4-179 和图 4-180 所示。

图 4-179

图 4-180

5. 斜角边

该特效能够使图像边缘产生一个雕刻的、高亮的三维效果。边缘的位置由原图像的 Alpha 通道来确定，与斜面 Alpha 效果不同，该效果中产生的边缘总是成直角形状的。应用该特效后，其参数面板如图 4-181 所示。

图 4-181

"边缘厚度"：设置素材边缘凿刻的高度。

"照明角度"：设置光线照射的角度。

"照明颜色"：选择光线的颜色。

"照明强度"：设置光线照射到素材的强度。

应用"斜角边"特效前、后的效果分别如图 4-182 和图 4-183 所示。

图 4-182

图 4-183

4.3.8　风格化视频特效

风格化视频特效主要是通过模拟一些美术风格，以实现丰富的画面特效，该特效包含了 13 种类型。

1. Alpha 辉光

该特效对含有通道的素材起作用，在通道的边

缘产生一圈渐变的辉光效果，该特效可以在单色的
边缘处或者在边缘运动时产生两个颜色。应用该特
效后，其参数面板如图 4-184 所示。

"发光"：用于设置光晕从素材的 Alpha 通道扩
散边缘的大小。

"亮度"：用于设置辉光的强度。

"起始颜色"/"结束颜色"：用于设置辉光内部
/外部的颜色。

应用"Alpha 辉光"特效前、后的效果分别如
图 4-185 和图 4-186 所示。

图 4-184

图 4-185

图 4-186

2. 复制

该特效可以按照指定的数量将图像复制成多
份，并同时在每一个单元中播放出来。在"特效控
制台"面板中拖曳"计数"参数选项的滑块，可以
设置每行或每列的分块数目。应用"复制"特效前、

后的效果分别如图 4-187 和图 4-188 所示。

图 4-187

图 4-188

3. 彩色浮雕

该特效通过锐化素材中物体的轮廓，使素材产
生彩色的浮雕效果。应用该特效后，其参数面板如
图 4-189 所示。

图 4-189

"方向"：设置浮雕的方向。

"凸现"：设置浮雕压制的明显高度，实际上是
设定浮雕边缘的最大加亮宽度。

"对比度"：设置图像内容的边缘锐利程度，如
果增大参数值，加亮区就变得更加明显。

"与原始图像混合"：该参数值越小，上述各项
设置的效果就越明显。

应用"彩色浮雕"特效前、后的效果分别如图
4-190 和图 4-191 所示。

图 4-190

图 4-191

4. 曝光过度

该特效可以沿着画面的正反两个方向进行混合,从而产生类似于底片在显影时的快速曝光效果。应用"曝光过度"特效前、后的效果分别如图 4-192和图 4-193 所示。

图 4-192

图 4-193

5. 材质

该特效可以使一个素材上显示出另一个素材的纹

理。应用该特效后,其参数面板如图 4-194 所示。

"纹理图层":用于选择与素材混合的视频轨道。

"照明方向":用于设置光照的方向,该选项决定了纹理图案的亮部方向。

"纹理对比度":用于设置纹理的强度。

"纹理位置":指定纹理的应用方式。

应用"材质"特效前、后的效果分别如图 4-195和图 4-196 所示。

图 4-194

图 4-195

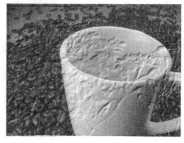

图 4-196

6. 查找边缘

该特效通过强化素材中物体的边缘,使素材产生类似于铅笔素描或底片的效果,而且构图越简单,明暗对比越强烈的素材,描出的线条越清楚。应用该特效后,其参数面板如图 4-197 所示。

"反相":取消勾选此复选框时,素材边缘如果在白色背景上,会出现黑色线;勾选此复选框时,素材边缘如果在黑色背景上会出现明亮线。

图 4-197

"与原始图像混合"：用于设置与原素材混合的程度。数值越小，上述各参数选项设置的效果越明显。

应用"查找边缘"特效前、后的效果分别如图 4-198 和图 4-199 所示。

图 4-198

图 4-199

7. 浮雕

该特效与"彩色浮雕"特效的效果相似，只是没有色彩，它们的各项参数选项都相同，即通过锐化素材中物体的轮廓使画面产生浮雕效果。应用"浮雕"特效前、后的效果分别如图 4-200 和图 4-201 所示。

8. 笔触

该特效使素材产生一种使用美术画笔描绘的效果。应用"笔触"特效后，其参数面板如图 4-202 所示。

"描绘角度"：设置笔画的角度。

图 4-200

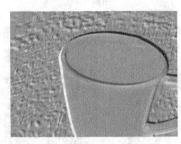

图 4-201

"画笔大小"：设置笔刷的大小。

"描绘长度"：设置笔刷的长度。

"描绘浓度"：设置笔触的浓度。

"描绘随机性"：设置笔触随机描绘的程度。

"表面上色"：用于对应用笔触效果的区域进行设置。

"与原始图像混合"：用于设置与原素材混合的程度。数值越小，上述各参数选项设置的效果越明显。

应用"笔触"特效前、后的效果分别如图 4-203 和图 4-204 所示。

图 4-202

图 4-203

图 4-204

9. 色调分离

该特效可以将图像按照多色调进行显示,为每一个通道指定色调级别,并将像素映射到最接近的匹配级别。应用"色调分离"特效前、后的效果分别如图 4-205 和图 4-206 所示。

图 4-205

图 4-206

10. 边缘粗糙

该特效可以使素材的 Alpha 通道边缘粗糙化,从而使素材或者栅格化文本给人一种粗糙的视觉效果。应用"边缘粗糙"特效前、后的效果分别如图 4-207 和图 4-208 所示。

图 4-207

图 4-208

11. 闪光灯

该特效能以一定的周期或随机地对一个素材进行算术运算,例如,每隔 5s 素材就变成白色并显示白色 0.1s,或素材颜色以随机的时间间隔进行反转。此特效常用来模拟照相机的瞬间强烈闪光效果。应用该特效后,其参数面板如图 4-209 所示。

图 4-209

"明暗闪动":设置频闪瞬间屏幕上呈现的颜色。

"与原始图像混合":设置与原素材混合的程度。

"明暗闪动持续时间":设置频闪持续的时间。

"明暗闪动间隔时间":以 s 为单位,设置频闪效果出现的间隔时间。它是从相邻两个频闪效果的开始时间算起的,因此,当该选项的数值大于"明暗闪动持续时间"数值时,才会出现频闪效果。

"随机明暗闪动概率":设置素材中每一帧产生频闪效果的概率。

"闪光":设置频闪效果的不同类型。

"闪光运算符":设置频闪时所使用的运算方法。

应用"闪光灯"特效前、后的效果分别如图 4-210 和图 4-211 所示。

12. 阈值

该特效可以将图像变成灰度模式,应用"阈值"特效前、后的效果分别如图 4-212 和图 4-213 所示。

图 4-210

图 4-211

图 4-212

图 4-213

13. 马赛克

该特效用若干方形色块填充素材,使素材产生马赛克效果。此效果通常用于模拟低分辨率显示图像或者模糊图像。应用该特效后,其参数面板如图 4-214 所示。

"水平块":用于设置水平方向上的分割色块数量。
"垂直块":用于设置垂直方向上的分割色块数量。
"锐化颜色":勾选此复选框,可锐化图像素材。

应用"马赛克"特效前、后的效果分别如图 4-215 和图 4-216 所示。

图 4-214

图 4-215

图 4-216

4.3.9 课堂案例——彩色浮雕效果

➕ **案例学习目标**

编辑图像的彩色浮雕效果。

🔍 **案例知识要点**

使用"彩色浮雕"命令制作图片的彩色浮雕效果;使用"亮度与对比度"命令调整图像的亮度与对比度。彩色浮雕效果如图 4-217 所示。

🔍 **效果所在位置**

光盘/Ch04/彩色浮雕效果. prproj。

（1）启动 Premiere Pro CS5 软件,弹出"欢迎使用 Adobe Premiere Pro"界面,单击"新建项目"按钮 🔲 ,弹出"新建项目"对话框,设置"位置"

选项，选择保存文件路径，在“名称”文本框中输入文件名“彩色浮雕效果”，如图 4-218 所示。单击“确定”按钮，弹出“新建序列”对话框，在左侧的列表中展开“DV-PAL”选项，选中“标准 48kHz”模式，如图 4-219 所示，单击“确定”按钮。

图 4-217

图 4-218

图 4-219

（2）选择“文件 > 导入”命令，弹出“导入”对话框，选择光盘中的“Ch04/彩色浮雕效果/素材”

目录下的“01”文件，单击“打开”按钮，导入图片，如图 4-220 所示。导入后的文件将排列在“项目”面板中，如图 4-221 所示。

图 4-220

图 4-221

（3）在“项目”窗口中选中“01”文件，将其拖曳到“时间线”窗口中的“视频 1”轨道中，如图 4-222 所示。

图 4-222

（4）选择“窗口 > 效果”命令，弹出“效果”面板，展开“视频特效”分类选项，单击“风格化”文件夹前面的三角形按钮 将其展开，选中“彩色浮雕”特效，如图 4-223 所示。将“彩色浮雕”特效拖曳到“时间线”窗口中的“视频 1”轨道上的“01”文件上，如图 4-224 所示。

图 4-223

图 4-224

（5）选择"特效控制台"面板，展开"彩色浮雕"选项，其参数设置如图 4-225 所示。在"节目"窗口中预览效果，如图 4-226 所示。

图 4-225

图 4-226

（6）选择"效果"面板，展开"视频特效"分类选项，单击"色彩校正"文件夹前面的三角形按钮▶将其展开，选中"亮度与对比度"特效，如图 4-227 所示。将"亮度与对比度"特效拖曳到"时间线"窗口中的"视频 1"轨道上的"01"文件上。选择"特效控制台"面板，展开"亮度与对比度"选项，其参数设置如图 4-228 所示。彩色浮雕效果制作完成，如图 4-229 所示。

图 4-227

图 4-228

图 4-229

4.3.10 时间视频特效

"时间视频"特效用于对素材的时间特性进行控制。该特效包含了两种类型。

1. 重影

该特效可以将素材中不同时间的多个帧同时进行播放，以产生条纹和反射的效果。应用该特效后，其参数面板如图 4-230 所示。

"回显时间"：设置两个混合图像之间的时间间隔。

"重影数量"：设置重复帧的数量。

"起始强度"：设置素材的亮度。

"衰减"：设置组合素材强度减弱的比例。

"重影运算符"：确定在回声与素材之间的混合模式。

应用"重影"特效前、后的效果分别如图 4-231 和图 4-232 所示。

图 4-230

图 4-231

图 4-232

2. 抽帧

该特效可以将素材设定为按某一个帧率进行播放，以产生跳帧的效果。图 4-233 所示为"抽帧"特效参数面板。

图 4-233

该特效只有一项参数"帧速率"可以设置，当修改素材默认的播放速率后，素材就会按照指定的播放速率进行播放，从而产生跳帧播放的效果。

4.3.11 过渡视频特效

过渡视频特效主要用于在两个连接的素材之间进行切换。该特效共包含 5 种类型。

1. 块溶解

该特效通过随机产生板块对图像进行溶解，应用该特效后，其参数面板如图 4-234 所示。

"过渡完成"：数值为 0% 时显示当前层画面，数值为 100% 时完全显示切换层画面。

"块宽度"/"块高度"：用于设置板块的宽度/高度。

"羽化"：用于设置板块边缘的羽化程度。

"柔化边缘"：勾选此复选框，将对板块边缘进行柔化处理。

应用"块溶解"特效前、后的效果分别如图 4-235 和图 4-236 所示。

图 4-234

2. 径向擦除

应用该特效，可以围绕指定点以旋转的方式进行图像擦除。应用该特效后，其参数面板如图 4-237 所示。

图 4-235

图 4-236

"过渡完成"：用于设置转换完成的百分比。

"起始角度"：用于设置转换效果的起始角度。

"擦除中心"：用于设置擦除的中心点位置。

"擦除"：用于设置擦除的类型。

"羽化"：用于设置擦除边缘的羽化程度。

应用"径向擦除"特效前、后的效果分别如图4-238和图4-239所示。

图 4-237

图 4-238

图 4-239

3. 渐变擦除

该特效可以根据两个层的亮度值建立一个渐变层，在指定层和原图层之间进行角度切换。应用该特效后，其参数面板如图 4-240 所示。

图 4-240

"过渡完成"：用于设置转换完成的百分比。

"过渡柔和度"：用于设置转换边缘的柔化程度。

"渐变图层"：用于选择进行参考的渐变层。

"渐变位置"：用于设置渐变层放置的位置。

"反相渐变"：勾选此复选框，将对渐变层进行反转。

应用"渐变擦除"特效前、后的效果分别如图 4-241 和图 4-242 所示。

图 4-241

4. 百叶窗

该特效通过对图像进行百叶窗式的分割，实现图层之间的切换。应用该特效后，其参数面板如图 4-243 所示。

图 4-242

"过渡完成"：用于设置转换完成的百分比。

"方向"：用于设置素材分割的角度。

"宽度"：用于设置分割的宽度。

"羽化"：用于设置分割边缘的羽化程度。

应用"百叶窗"特效前、后的效果分别如图 4-244 和图 4-245 所示。

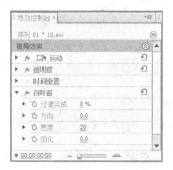

图 4-243

图 4-244

图 4-245

5. 线性擦除

该特效通过线条划过的方式形成擦除效果。应用该特效后，其参数面板如图 4-246 所示。

图 4-246

"过渡完成"：用于设置转换完成的百分比。

"擦除角度"：用于设置素材被擦除的角度。

"羽化"：用于设置擦除边缘的羽化程度。

应用"线性擦除"特效前、后的效果分别如图 4-247 和图 4-248 所示。

图 4-247

图 4-248

4.3.12　视频特效

该视频特效只包含"时间码"特效，主要用于对时间码进行显示。

应用时间码特效可以在影片的画面中插入时间码信息，应用"时间码"特效前、后的效果分别如图 4-249 和图 4-250 所示。

图 4-249

图 4-250

图 4-251

4.4 课堂练习
——局部马赛克

⊕ 练习知识要点

使用"缩放比例"选项改变图像的大小；使用"裁剪"命令制作图像的裁剪动画；使用"马赛克"命令制作图像的马赛克效果。局部马赛克效果如图 4-251 所示。

⊕ 效果所在位置

光盘/Ch04/局部马赛克. prproj。

4.5 课后习题
——夏日骄阳

⊕ 习题知识要点

使用"缩放比例"命令编辑图像的大小；使用"基本信号控制"命令调整图像的颜色；使用"镜头光晕"命令模拟强光折射效果。夏日骄阳效果如图 4-252 所示。

⊕ 效果所在位置

光盘/Ch04/夏日骄阳. prproj。

图 4-252

5 Chapter

第 5 章
调色与抠像

本章主要介绍在 Premiere Pro CS5 中素材调色与抠像的基础设置方法。调色与抠像属于 Premiere Pro CS5 剪辑中较高级的应用，它可以使影片通过剪辑产生完美的画面合成效果。本章案例可以加强理解相关知识，使读者完全掌握 Premiere Pro CS5 的调色与抠像技术。

课堂学习目标

- 视频调色技术详解
- 抠像

5.1 视频调色技术详解

Premiere Pro CS5 的"效果"面板中包含了一些专门用于改变图像亮度、对比度和颜色的特效，这些颜色增强工具集中于"视频特效"文件夹下的 3 个子文件夹中，它们分别为"调整"、"图像控制"和"色彩校正"。下面分别进行详细介绍。

5.1.1 调整特效

如果需要调整素材的亮度、对比度、色彩以及通道，修复素材的偏色或者曝光不足等缺陷，提高素材画面的颜色及亮度，制作特殊的色彩效果，最好的选择就是使用"调整"特效。该类特效在实际中使用频繁，共包含 9 个视频特效。

1. 卷积内核

该特效通过运算改变素材中每个像素的颜色和亮度值，从而改变图像的质感。应用该特效后，其参数面板如图 5-1 所示。

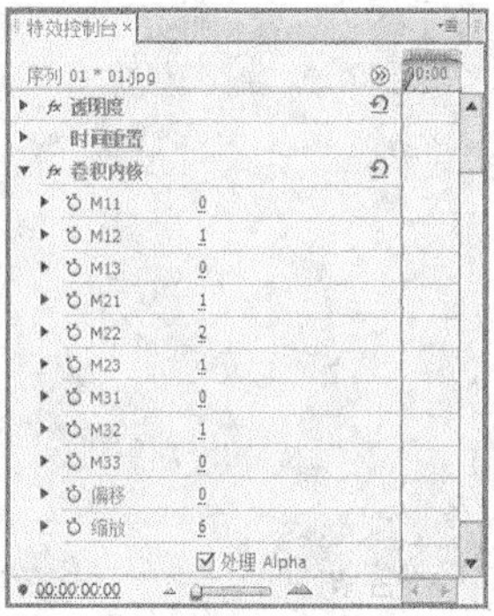

图 5-1

"M11-M33"：表示像素亮度增效的矩阵，其参数值可在-30~30 之间调整。

"偏移"：用于调整素材的色彩明暗的偏移量。

"缩放"：输入一个数值，在积分操作中包含的像素总和将除以该数值。

应用"卷积内核"特效前、后的效果分别如图 5-2 和图 5-3 所示。

2. 基本信号控制

该特效可以用于调整素材的亮度、对比度和色相，是一个较常用的视频特效。应用"基本信号控制"

特效前、后的效果分别如图 5-4 和图 5-5 所示。

图 5-2

图 5-3

图 5-4

图 5-5

3. 提取

该特效可以从视频片段中吸取颜色，然后通过设置灰度像素的范围来控制影像的显示。应用该特效后，其参数面板如图 5-6 所示。

"输入黑色阶"：表示画面中黑色的提取情况。

图 5-6

"输入白色阶"：表示画面中白色的提取情况。

"柔和度"：用于调整画面的灰度，数值越大，灰度越高。

"反相"：勾选此复选框，将对黑色像素范围和白色像素范围进行反转。

应用"提取"特效前、后的效果分别如图 5-7和图 5-8 所示。

图 5-7

图 5-8

4．照明效果

该特效最多可以为素材添加 5 个灯光照明，以模拟舞台追光灯的效果。用户在该效果对应的"特效控制台"面板中可以设置灯光的类型、方向、强度、颜色和中心点的位置等。应用"照明效果"特效前、后的效果分别如图 5-9 和图 5-10 所示。

图 5-9

图 5-10

5．自动颜色、自动对比度、自动色阶

使用"自动颜色"、"自动对比度"和"自动色阶"3 个特效可以快速、全面地修整素材，可以调整素材的中间色调、暗区和高亮区的颜色。"自动颜色"特效主要用于调整素材的颜色；"自动对比度"特效主要用于调整所有颜色的亮度和对比度；"自动色阶"特效主要用于调整暗部和高亮区。

图 5-11 和图 5-12 分别为应用"自动颜色"特效前、后的效果。应用该特效后，其参数面板如图 5-13 所示。

图 5-11

图 5-12

图 5-13

图 5-14 和图 5-15 分别为应用"自动对比度"特效前、后的效果。应用该特效后，其参数面板如图 5-16 所示。

图 5-14

图 5-15

图 5-16

图 5-17 和图 5-18 分别为应用"自动色阶"特效前、后的效果。应用该特效后，其参数面板如图 5-19 所示。

图 5-17

图 5-18

图 5-19

以上 3 种特效均提供了 5 个相同的参数选项，具体含义如下。

"瞬时平滑"：此选项用来设置平滑处理帧的时间间隔。当该选项的值为 0 时，Premiere Pro CS5 将独立地平滑处理每一帧；当该选项的值大于 1 时，Premiere Pro CS5 会在帧显示前以 1s 的时间间隔对其进行平滑处理。

"场景检测"：在设置了"瞬时平滑"选项值后，该复选框才会被激活。勾选此复选框，Premiere Pro CS5 将忽略场景变化。

"减少黑色像素"/"减少白色像素"：用于增

加或减小图像的黑色像素/白色像素。

"与原始图像混合"：用于改变素材应用特效的程度。当该选项的值为 0 时，在素材上可以看到100%的特效；当该选项的值为 100 时，在素材上可以看到 0%的特效。

"自动颜色"特效还提供了"对齐中性中间调"选项。勾选此复选框，可以自动调整颜色的灰阶数值。

6. 色阶

该特效的作用是调整影片的亮度和对比度。应用该特效后，其参数面板如图 5-20 所示。单击右上角的"设置"按钮，弹出"色阶设置"对话框，左边显示了当前画面的柱状图，水平方向代表亮度值，垂直方向代表对应亮度值的像素总数。在该对话框上方的下拉列表中，可以选择需要调整的颜色通道，如图 5-21 所示。

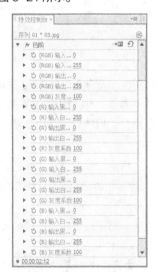

图 5-20

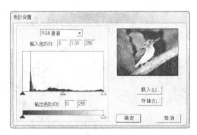

图 5-21

"通道"：在该下拉列表中可以选择需要调整的颜色通道。

"输入色阶"：用于进行颜色的调整。拖曳下方的三角形滑块，可以改变颜色的对比度。

"输出色阶"：用于调整颜色输出的级别。在该文本框中输入有效数值，可以对素材输出的亮度进行修改。

"载入"：单击该按钮，可以载入以前所存储的效果。

"存储"：单击该按钮，可以保存当前的设置。

应用"色阶"特效前、后的效果分别如图 5-22和图 5-23 所示。

图 5-22

图 5-23

7. 阴影/高光

该特效用于调整素材的阴影和高光区域，应用"阴影/高光"特效前、后的效果分别如图 5-24 和图 5-25 所示。该特效不应用于整个图像的调暗或增加图像的点亮，但可以基于图像周围的像素单独调整图像高光区域。

图 5-24

图 5-25

5.1.2 图像控制特效

图像控制特效主要用途是对素材进行色彩的特效处理，广泛运用于视频编辑中，处理一些前期拍摄中遗留下的缺陷，或使素材达到某种预想的效果。图像控制特效是一组重要的视频特效，包含了 5 种效果。

1. 灰度系数（Gamma）校正

该特效可以通过改变素材中间色调的亮度，在不改变素材亮度和阴影的情况下，使素材变得更明亮或更灰暗。应用"灰度系数（Gamma）校正"特效前、后的效果分别如图 5-26 和图 5-27 所示。

图 5-26

图 5-27

2. 色彩传递

该特效可以将素材中指定颜色以外的其他颜色转化成灰度（黑、白），即保留指定的颜色。该特效对应的"特效控制台"参数面板如图 5-28 所示。单击"设置"按钮 ，弹出"色彩传递设置"对话框，如图 5-29 所示。

图 5-28

图 5-29

"素材示例"：用于显示素材画面。将鼠标指针移动到此画面中并单击，可以直接在画面中选取颜色。

"输出示例"：用于显示添加了特效后的素材画面。

"颜色"：用于设置要保留的颜色。单击该色块，将弹出"色彩"对话框，从中可以设置要保留的颜色。

"相似性"：用于设置相似色彩的容差值，即增加或减少所选颜色的范围。

"反向"：勾选该复选框，将颜色进行反转，即将所选的颜色转变成灰度，而其他颜色保持不变。

应用"色彩传递"特效前、后的效果分别如图 5-30 和图 5-31 所示。

图 5-30

图 5-31

3. 颜色平衡（RGB）

利用"颜色平衡（RGB）"特效，可以通过对素材的红色、绿色和蓝色进行调整来达到改变图像色彩效果的目的。应用该特效后，其参数面板如图 5-32 所示。

图 5-32

应用"颜色平衡（RGB）"特效前、后的效果分别如图 5-33 和图 5-34 所示。

图 5-33

图 5-34

4. 颜色替换

该特效可以指定某种颜色，然后使用一种新的颜色替换指定的颜色。该特效对应的"特效控制台"参数面板如图 5-35 所示，单击"设置"按钮 ⊡ ，弹出"颜色替换"对话框，如图 5-36 所示。

图 5-35

图 5-36

"目标颜色"：用于设置被替换的颜色。选取颜色的方法与"颜色传递设置"对话框中选取颜色的方法相同。

"替换颜色"：用于设置替换当前颜色的颜色。单击颜色块，在弹出的"色彩"对话框中进行设置。

"相似性"：用于设置相似色彩的容差值，即增加或减少所选颜色的范围。

"纯色"：勾选此复选框，将用纯色替换目标色，没有任何过渡。

应用"颜色替换"特效前、后的效果分别如图 5-37 和图 5-38 所示。

5. 黑白

该特效用于将彩色影像直接转换成黑白的灰度影像。应用"黑白"特效前、后的效果分别如图

5-39 和图 5-40 所示。该特效没有参数选项。

图 5-37

图 5-38

图 5-39

图 5-40

5.1.3 课堂案例——水墨画

案例学习目标

使用多个特效编辑图像之间的叠加效果。

案例知识要点

使用"黑白"命令将彩色图像转换为灰度图像；使用"查找边缘"命令制作图像的边缘；使用"色阶"命令调整图像的亮度和对比度；使用"高斯模糊"命令制作图像的模糊效果；使用"字幕"命令添加与编辑文字；使用"位置"选项调整文字的位置。水墨画效果如图 5-41 所示。

图 5-41

效果所在位置

光盘/Ch05/水墨画．prproj。

1. 制作图像水墨效果

（1）启动 Premiere Pro CS5 软件，弹出"欢迎使用 Adobe Premiere Pro"界面，单击"新建项目"按钮 🔲，弹出"新建项目"对话框，设置"位置"选项，选择保存文件路径，在"名称"文本框中输入文件名"水墨画"，如图 5-42 所示。单击"确定"按钮，弹出"新建序列"对话框，在左侧的列表中展开"DV-PAL"选项，选中"标准 48kHz"模式，如图 5-43 所示，单击"确定"按钮。

图 5-42

图 5-43

（2）选择"文件>导入"命令，弹出"导入"
对话框，选择光盘中的"Ch05/水墨画/素材"目录
下的"01"文件，单击"打开"按钮，导入视频
文件，如图 5-44 所示。导入后的文件排列在"项
目"面板中，如图 5-45 所示。

图 5-44

图 5-45

（3）在"项目"面板中选中"01"文件并将其

拖曳到"时间线"窗口中的"视频 1"轨道中，如
图 5-46 所示。

图 5-46

（4）选择"窗口>效果"命令，弹出"效果"面
板，展开"视频特效"分类选项，单击"图像控制"
文件夹前面的三角形按钮▶将其展开，选中"黑白"
特效，如图 5-47 所示。将"黑白"特效拖曳到"时
间线"窗口中的"01"文件上，如图 5-48 所示。在
"节目"窗口中预览效果，如图 5-49 所示。

图 5-47

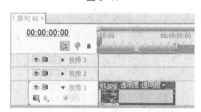

图 5-48

图 5-49

（5）选择"效果"面板，展开"视频特效"分类选项，单击"风格化"文件夹前面的三角形按钮▶将其展开，选中"查找边缘"特效，如图5-50所示。将"查找边缘"特效拖曳到"时间线"窗口中的"01"文件上，如图5-51所示。

图 5-50

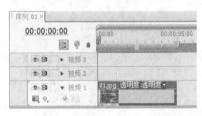

图 5-51

（6）在"特效控制台"面板中展开"查找边缘"特效，将"与原始图"选项设置为20%，如图5-52所示。在"节目"窗口中预览效果，如图5-53所示。

图 5-52

（7）选择"效果"面板，展开"视频特效"分类选项，单击"调整"文件夹前面的三角形按钮▶将其展开，选中"色阶"特效，如图5-54所示。将

"色阶"特效拖曳到"时间线"窗口中的"01"文件上，如图5-55所示。

图 5-53

图 5-54

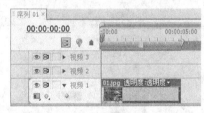

图 5-55

（8）在"特效控制台"面板中展开"色阶"特效并进行参数设置，如图5-56所示。在"节目"窗口中预览效果，如图5-57所示。

（9）选择"效果"面板，展开"视频特效"分类选项，单击"模糊与锐化"文件夹前面的三角形按钮▶将其展开，选中"高斯模糊"特效，如图5-58所示。将"高斯模糊"特效拖曳到"时间线"窗口中的"01"文件上，如图5-59所示。

图 5-56

图 5-57

图 5-58

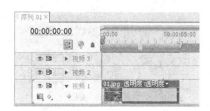

图 5-59

（10）在"特效控制台"面板中展开"高斯模糊"特效，将"模糊度"选项设置为8.0，如图5-60所

示。在"节目"窗口中预览效果，如图5-61所示。

图 5-60

图 5-61

2. 添加文字

（1）选择"文件 > 新建 > 字幕"命令，弹出"新建字幕"对话框，在"名称"文本框中输入"题词"，如图5-62所示。单击"确定"按钮，弹出字幕编辑面板，选择"垂直文字"工具 ，在字幕工作区中输入需要的文字，其他设置如图5-63所示。关闭字幕编辑面板，新建的字幕文件将自动保存到"项目"窗口中。

图 5-62

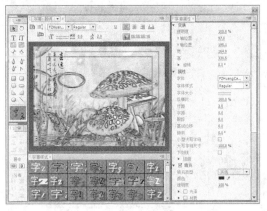

图 5-63

（2）在"项目"窗口中选中"题词"层并将其拖曳到"时间线"窗口中的"视频 2"轨道中，如图 5-64 所示。在"视频 2"轨道上选中"02"文件，将鼠标指针放在"02"文件的尾部，当鼠标指针呈 ┫ 状时，向左拖曳鼠标到适当的位置上，如图 5-65 所示。在"节目"窗口中预览效果，如图 5-66 所示。水墨画制作完成，如图 5-67 所示。

图 5-64

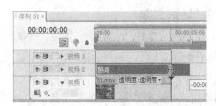

图 5-65

图 5-66

图 5-67

5.2 抠像

在 Premiere Pro CS5 中，用户不仅能够组合和编辑素材，还能够使其与其他素材相互叠加，从而生成合成效果。一些画面绚丽的复合影视作品就是通过应用各种类型的键控来实现多个视频轨道的叠加。

5.2.1　15 种抠像方式的运用

Premiere Pro CS5 中自带了 15 种抠像特效，下面介绍各种抠像特效的使用方法。

1．16 点无用信号遮罩

该特效通过调整 16 个控制点的位置来调整被叠加图像的大小。应用"16 点无用信号遮罩"特效的效果如图 5-68、图 5-69 和图 5-70 所示。

图 5-68

图 5-69

图 5-70

2. 4 点无用信号遮罩

　　该特效通过调整 4 个控制点的位置来调整被叠加图像的大小。应用"4 点无用信号遮罩"特效的效果分别如图 5-71、图 5-72 和图 5-73 所示。

图 5-71

图 5-72

图 5-73

3. 8 点无用信号遮罩

　　该特效通过调整 8 个控制点的位置来调整被叠加图像的大小。应用"8 点无用信号遮罩"特效的

效果分别如图 5-74、图 5-75 和图 5-76 所示。

图 5-74

图 5-75

图 5-76

4. Alpha 调整

　　该特效主要通过调整当前素材的 Alpha 通道信息（即改变 Alpha 通道的透明度），使当前素材与其下面的素材产生不同的叠加效果。如果当前素材不包含 Alpha 通道，改变的将是整个素材的透明度。应用该特效后，其参数面板如图 5-77 所示。

图 5-77

"透明度"：用于调整画面的不透明度。

"忽略 Alpha"：勾选此复选框，可以忽略 Alpha 通道。

"反相 Alpha"：勾选此复选框，可以对通道进行反相处理。

"仅蒙版"：勾选此复选框，可以将通道作为蒙版使用。

应用"Alpha 调整"特效的效果分别如图 5-78、图 5-79 和图 5-80 所示。

图 5-78

图 5-79

图 5-80

5. RGB 差异键

该特效与"亮度键"特效基本相同，可以将某个颜色或者颜色范围内的区域变为透明。应用"RGB 差异键"特效的效果分别如图 5-81、图 5-82 和图 5-83 所示。

图 5-81

图 5-82

图 5-83

6. 亮度键

运用该特效，可以将被叠加图像的灰度值设置为透明，而且保持色度不变，该特效对明暗对比十分强烈的图像十分有用。应用"亮度键"特效的效果分别如图 5-84、图 5-85 和图 5-86 所示。

图 5-84

7. 图像遮罩键

运用该特效，可以将相邻轨道上的素材作为

被叠加的底纹背景素材。相对于底纹而言,前面画面中的白色区域是不透明的,背景画面的相关部分不能显示出来,黑色区域是透明的区域,灰色区域为部分透明。如果想保持前面的色彩,那么作为底纹图像,最好选用灰度图像。应用"图像遮罩键"特效的效果分别如图 5-87 和图 5-88 所示。

图 5-85

图 5-86

图 5-87

图 5-88

8.差异遮罩

该特效可以叠加两幅图像中纹理不同的部分,保留对方的纹理颜色。应用"差异遮罩"特效的效果分别如图 5-89、图 5-90 和图 5-91 所示。

图 5-89

图 5-90

图 5-91

9.极致键

该特效通过指定某种颜色,可以通过调整容差值等参数,来显示素材的透明效果。应用"极致键"特效的效果分别如图 5-92、图 5-93 和图 5-94 所示。

图 5-92

图 5-93

图 5-94

10. 移除遮罩

该特效可以将原有的遮罩移除，如将画面中的白色区域或黑色区域移除。图 5-95 所示为"移除遮罩"特效的设置。

图 5-95

11. 色度键

运用该特效，可以将图像上的某种颜色及相似范围的颜色设置为透明，从而显示后面的图像。该特效适用于纯色背景的图像。在"特效控制台"面板中选择吸管工具 ，在项目监视器窗口中在需要抠取的颜色上单击选取颜色。吸取颜色后，调节各项参数，观察抠像效果，如图 5-96 所示。

"相似性"：用于设置所选取颜色的容差度。

"混合"：用于设置透明与非透明边界色彩的混合程度。

"阈值"：用于设置素材中蓝色背景的透明度。向左拖动滑块将增加素材透明度，该选项数值为 0

时，蓝色将完全透明。

图 5-96

"屏蔽度"：用于设置前景色与背景色的对比度。

"平滑"：用于调整抠像后素材边缘的平滑程度。

"仅遮罩"：勾选此复选框，将只显示抠像后素材的 Alpha 通道。

应用"色度键"特效的效果分别如图 5-97、图 5-98 和图 5-99 所示。

图 5-97

图 5-98

图 5-99

12. 蓝屏键

该特效又称"抠蓝"，用于在画面上进行蓝色叠加。应用该特效后，其参数面板分别如图 5-100 所示。

图 5-100

"阈值"：用于调节被添加的蓝色背景的透明度。

"屏蔽度"：用于调节前景图像的对比度。

"平滑"：用于调节图像的平滑度。

"仅蒙版"：勾选此复选框，将前景仅作为蒙版使用。

应用"蓝屏键"特效的效果分别如图 5-101、图 5-102 和图 5-103 所示。

13. 轨道遮罩键

该特效将遮罩层进行适当比例的缩小，并显示在原图层上。应用"轨道遮罩键"特效的效果分别如图 5-104、图 5-105 和图 5-106 所示。

图 5-101

图 5-102

图 5-103

图 5-104

图 5-105

图 5-106

14. 非红色键

该特效可以叠加具有蓝色背景的素材，并使这类背景产生透明效果。应用"非红色键"特效的效果分别如图 5-107、图 5-108 和图 5-109 所示。

图 5-107

图 5-108

图 5-109

15. 颜色键

使用"颜色键"特效，可以根据指定的颜色将素材中与之像素值相同的颜色设置为透明。该特效与"色度键"特效类似，同样是在素材中选择一种颜色或一个颜色范围并将它们设置为透明，但"颜色键"特效只可以单独调节素材像素的颜色和灰度值，而"色度键"特效则可以同时调节这些内容。应用"颜色键"特效的效果分别如图 5-110、图 5-111 和图 5-112 所示。

图 5-110

图 5-111

图 5-112

5.2.2 课堂案例——抠像效果

案例学习目标

抠取视频文件中的人物。

案例知识要点

使用"色彩平衡"命令调整图像色调；使用"蓝屏键"命令抠出人物图像；使用"亮度与对比度"命令调整人物的亮度和对比度。抠像效果如图 5-113 所示。

图 5-113

效果所在位置

光盘/Ch05/抠像效果. prproj。

1. 导入视频文件

（1）启动 Premiere Pro CS5 软件，弹出"欢迎使用 Adobe Premiere Pro"界面，单击"新建项目"按钮 ，弹出"新建项目"对话框，设置"位置"选项，选择保存文件的路径，在"名称"文本框中输入文件名"抠像效果"，如图 5-114 所示。单击

"确定"按钮，弹出"新建序列"对话框，在左侧的列表中展开"DV-PAL"选项，选中"标准 48kHz"模式，如图 5-115 所示，单击"确定"按钮。

图 5-114

图 5-115

（2）选择"文件 > 导入"命令，弹出"导入"对话框，选择光盘中的"Ch05/抠像效果/素材"目录下的" 01 和 02"文件，单击"打开"按钮，导入视频文件，如图 5-116 所示。导入后的文件排列在"项目"面板中，如图 5-117 所示。

（3）在"项目"面板中选中"01"文件并将其拖曳到"时间线"窗口中的"视频 1"轨道中，选中"02"文件并将其拖曳到"时间线"窗口中的"视频 2"轨道中，如图 5-118 所示。

图 5-116

图 5-117

图 5-118

（4）在"视频 1"轨道上选中"01"文件，将鼠标指针放在"01"文件的尾部，当鼠标指针呈 ◀▶ 状时，向左拖曳鼠标到适当的位置上，如图 5-119 所示。单击"02"文件前面的"切换轨道输出"按钮 👁，关闭可视性，如图 5-120 所示。

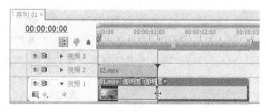

图 5-119

图 5-120

2. 抠取视频图像人物

（1）选择"窗口 > 效果"命令，弹出"效果"面板，展开"视频特效"分类选项，单击"色彩校正"文件夹前面的三角形按钮 ▶ 将其展开，选中"色彩平衡"特效，如图 5-121 所示。将"色彩平衡"特效拖曳到"时间线"窗口中的"01"文件上，如图 5-122 所示。

图 5-121

图 5-122

（2）选择"特效控制台"面板，展开"色彩平衡"特效，设置如图 5-123 所示。在"节目"窗口中预览效果，如图 5-124 所示。

（3）单击"02"文件前面的"切换轨道输出"按钮 ，打开可视性，如图 5-125 所示。选择"效果"面板，展开"视频特效"分类选项，单击"键控"文件夹前面的三角形按钮 ▶ 将其展开，选中"蓝屏键"特效，如图 5-126 所示。将"蓝屏键"特效拖曳到"时间线"窗口中的"02"文件上，如图 5-127

所示。

图 5-123

图 5-124

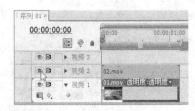

图 5-125

图 5-126

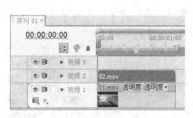

图 5-127

（4）选择"特效控制台"面板，展开"蓝屏键"特效，将"阈值"选项设置为 25.0%，"屏蔽度"选项设置为 15.0%，如图 5-128 所示。在"节目"窗口中预览效果，如图 5-129 所示。

图 5-128

图 5-129

（5）选择"效果"面板，展开"视频特效"分类选项，单击"色彩校正"文件夹前面的三角形按钮 ▶ 将其展开，选中"亮度与对比度"特效，如图 5-130 所示。将"亮度与对比度"特效拖曳到"时间线"窗口中的"02"文件上，如图 5-131 所示。

（6）选择"特效控制台"面板，展开"亮度与对比度"特效，选项设置如图 5-132 所示。抠像效果制作完成，如图 5-133 所示。

图 5-130

图 5-131

图 5-132

图 5-133

5.3 课堂练习 ——单色保留

练习知识要点

使用"分色"命令制作图片去色效果。单色保留效果如图 5-134 所示。

⊕ **效果所在位置**

　　光盘/Ch05/单色保留. prproj。

图 5-134

5.4 课后习题
——颜色替换

⊕ **习题知识要点**

　　使用 "基本信号控制" 命令调整图像的饱和度；

使用 "更改颜色" 命令改变图像的颜色。颜色替换效果如图 5-135 所示。

图 5-135

⊕ **效果所在位置**

　　光盘/Ch05/颜色替换. prproj。

6 Chapter

第6章
字幕的应用

本章主要介绍字幕的制作方法，并对字幕的创建、保存、字幕窗口中的各项功能及其使用方法进行详细介绍。通过对本章的学习，读者应能掌握编辑字幕的操作技巧。

课堂学习目标

- "字幕"编辑面板
- 创建字幕文字对象
- 编辑与修饰字幕文字
- 创建运动字幕

6.1 "字幕"编辑面板

Premiere Pro CS5提供了一个专门用来创建及

编辑字幕的"字幕"编辑面板，如图6-1所示，所有文字的编辑及处理都是在该面板中完成的。其功能非常强大，不仅可以创建各种各样的文字效果，而且能够绘制各种图形，为用户的文字编辑工作提供了很大的帮助。

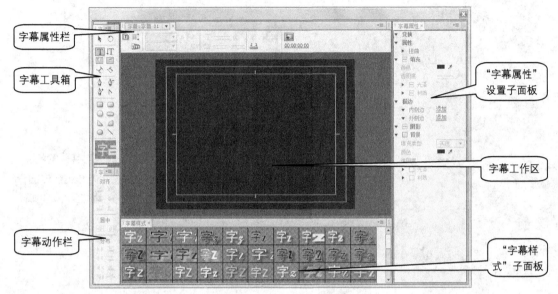

字幕属性栏

字幕工具箱

"字幕属性"设置子面板

字幕工作区

字幕动作栏

"字幕样式"子面板

图 6-1

Premiere Pro CS5 的"字幕"编辑面板主要由字幕属性栏、字幕工具箱、字幕动作栏、字幕工作区、"字幕样式"子面板和"字幕属性"设置子面板6个部分组成。

字幕属性栏主要用于设置字幕的运动类型、字体、加粗、斜体和下画线等。

字幕工具箱提供了一些制作文字与图形的常用工具。利用这些工具，可以为影片添加标题及文本、绘制几何图形和定义文本样式等。

字幕动作栏中的各个按钮主要用于快速排列或者分布文字。

字幕工作区是制作字幕和绘制图形的工作区，它位于"字幕"编辑面板的中心，在工作区中有两个白色的矩形线框，其中内线框是字幕安全框，外线框是字幕动作安全框。如果文字或者图像放置在动作安全框外，那么在一些 NTSC 制式的电视中，这部分内容将不会被显示出来，即使能够显示，很可能会出现模糊或者变形现象。因此，在创建字幕时最好将文字和图像放置在安全框内。

"字幕样式"子面板位于字幕编辑面板的中下部，其中包含了各种已经设置好的文字效果和多种字体效果。

在字幕工作区中输入文字后，可在位于字幕工作区右侧的"字幕属性"设置子面板中设置文字的具体属性参数。"字幕属性"设置子面板分为 6 个部分，分别为"变换"、"属性"、"填充"、"描边"、"阴影"和"背景"，各个部分的主要作用如下。

6.2 创建字幕文字对象

利用字幕工具箱中的各种文字工具，用户可以非常方便地创建出水平排列或垂直排列的文字，以及水平或者垂直段落字幕文字。

6.2.1 创建水平或垂直排列文字

打开"字幕"编辑面板后，可以根据需要，利用字幕工具箱中的"输入"工具 T 和"垂直文字"

工具 $\boxed{\text{IT}}$ 创建水平排列或者垂直排列的字幕文字,其具体操作步骤如下。

STEP 1 在字幕工具箱中选择"输入"工具 $\boxed{\text{T}}$ 或"垂直文字"工具 $\boxed{\text{IT}}$。

STEP 2 在"字幕"编辑面板的字幕工作区中单击并输入文字,分别如图6-2和图6-3所示。

图 6-2

图 6-3

6.2.2　创建段落字幕文字

利用字幕工具箱中的文本框工具或垂直文本框工具可以创建段落文本,其具体操作步骤如下。

STEP 1 在字幕工具箱中选择"区域文字"工具 $\boxed{\text{▤}}$ 或"垂直区域文字"工具 $\boxed{\text{▥}}$。

STEP 2 移动鼠标指针到"字幕"编辑面板的字幕工作区中,按住鼠标左键不放,从左上角向右下角拖曳出一个矩形框,然后输入文字,效果分别如图6-4和图6-5所示。

图 6-4

图 6-5

6.3　编辑与修饰字幕文字

字幕创建完成后,接下来还需要对字幕进行相应的编辑和修饰,下面进行详细介绍。

6.3.1　编辑字幕文字

1. 文字对象的选择与移动

（1）选择"选择"工具 $\boxed{\text{▸}}$,将鼠标指针移动至字幕工作区,单击要选择的字幕文字即可将其选中,此时在字幕文字的四周将出现带有 8 个控制点的矩形框,如图 6-6 所示。

图 6-6

（2）在字幕文字处于选中的状态下,将鼠标指针移动至矩形框内,单击鼠标并按住左键不放进行拖曳,即可实现文字对象的移动,如图 6-7 所示。

图 6-7

2. 文字对象的缩放和旋转

（1）选择"选择"工具 $\boxed{\text{▸}}$,单击文字对象将其选中。

（2）将鼠标指针移至矩形框的任意一个控制点，当鼠标指针呈↗、↔或↘状时，按住鼠标右键拖曳即可实现缩放。如果按住<Shift>键的同时拖曳鼠标，可以实现等比例缩放，如图6-8所示。

图6-8

（3）在文字处于选中的状态下选择"旋转"工具◯，将鼠标指针移动至工作区，按住鼠标左键拖曳即可实现旋转操作，如图6-9所示。

图6-9

3. 改变文字对象的方向

（1）单击"选择"工具▶，单击文字对象将其选中。

（2）选择"字幕 > 方向 > 垂直"命令，即可改变文字对象的排列方向，分别如图6-10和图6-11所示。

图6-10

图6-11

6.3.2　设置字幕属性

通过"字幕属性"子面板，用户可以非常方便地对字幕文字进行修饰，包括调整其位置、透明度、字体、字号、颜色和为文字添加阴影等。

1. 变换设置

在"字幕属性"子面板的"变换"栏中可以对字幕文字或图形的透明度、位置、高度、宽度以及旋转等属性进行设置，如图6-12所示。

图6-12

"透明度"：设置字幕文字或图形对象的透明度。

"X轴位置"/"Y轴位置"：设置文字在画面中所处的位置。

"宽"/"高"：设置文字的宽度/高度。

"旋转"：设置文字旋转的角度。

2. 属性设置

在"字幕属性"子面板的"属性"栏中可以对字幕文字的字体、大小、外观，以及字距、扭曲等一些基本属性进行设置，如图6-13所示。

图6-13

"字体"：在此选项右侧的下拉列表中可以选择字体。

"字体样式"：在此选项右侧的下拉列表中可以设置字体类型。

"字体大小"：设置文字的大小。

"纵横比"：设置文字在水平方向上的缩放比例。

"行距"：设置文字的行间距。

"字距"：设置相邻文字之间的水平距离。

"跟踪"：其功能与"字距"类似，两者都能对选择的多个字符进行字间距的调整，区别是"字距"选项会保持选择的多个字符的位置不变，向右平均分配字符间距，而"跟踪"选项会均匀分配所选择的每一个相邻字符的位置。

"基线位移"：设置文字偏离水平中心线的距离，主要用于创建文字的上标和下标。

"倾斜"：设置文字的倾斜程度。

"小型大写字母"：勾选该复选框，可以将所选的小写字母变成大写字母。

"大写字母尺寸"：该选项配合"大写字母"选项使用，可以将显示的大写字母放大或缩小。

"下划线"：勾选此复选框，可以为文字添加下划线。

"扭曲"：用于设置文字在水平方向或垂直方向上的变形。

3. 填充设置

"字幕属性"子面板的"填充"栏主要用于设置字幕文字或者图形的填充类型、颜色和透明度等属性，如图 6-14 所示。

图 6-14

"填充类型"：单击该选项右侧的下拉按钮，在弹出的下拉列表中可以选择需要填充的类型，共有 7 种方式供选择。

（1）"实色"：使用一种颜色进行填充，这是系统默认的填充方式。

（2）"线性渐变"：使用两种颜色进行线性渐变填充。当选择该选项进行填充时，"颜色"选项变为渐变颜色栏，然后单击选择一个颜色块，再单击"色彩到色彩"选项，在弹出的对话框中对渐变开始和渐变结束的颜色进行设置。

（3）"放射渐变"：该填充方式与"线性渐变"类似，不同之处是"线性渐变"使用两种颜色的线性过渡进行填充，而"放射渐变"使用两种颜色填充后将产生由中心向四周辐射的过渡。

（4）"4 色渐变"：该填充方式使用 4 种颜色的渐变过渡来填充字幕文字或者图形，每种颜色占据文本的一个角。

（5）"斜面"：该填充方式使用一种颜色来填充高光部分，用另一种颜色来填充阴影部分，再通过添加灯光应用使文字产生斜面，效果类似于立体浮雕。

（6）"消除"：该填充方式是将文字实体填充的颜色消除，文字为完全透明。如果为文字添加了描边效果，采用该方式填充，则可以制作出空心的线框文字效果；如果为文字设置了阴影，选择该方式，只能留下阴影的边框。

（7）"残像"：该填充方式使填充区域变为透明，只显示阴影部分。

"光泽"：该选项用于为文字添加辉光效果。

"材质"：使用该选项可以为字幕文字或者图形添加纹理效果，以增强文字或者图形的表现力。纹理填充的图像可以是位图，也可以是矢量图。

4. 描边设置

"描边"栏主要用于设置文字或者图形的描边效果，可以设置内部笔画和外部笔画，如图 6-15 所示。

图 6-15

用户可以选择使用"内侧边"或"外侧边"，抑或两者一起使用。应用描边效果，首先单击"添加"选项，添加需要的描边效果。

应用描边效果后，可以在"类型"下拉列表中选择描边模式。

"深度"：选择该模式后，可以在"大小"参数选项中设置边缘的宽度，在"颜色"参数中设定边缘的颜色，在"透明度"参数选项中设置描边的不透明度，在"填充类型"下拉列表中选择描边的填充方式。

"凸出"：选择该选项，可以使字幕文字或图形产生一个厚度，呈现立体字的效果。

"凹进"：选择该选项，可以使字幕文字或图形产生一个分离的面，类似于产生透视的投影。

5. 阴影设置

"阴影"栏用于添加阴影效果，如图 6-16 所示。

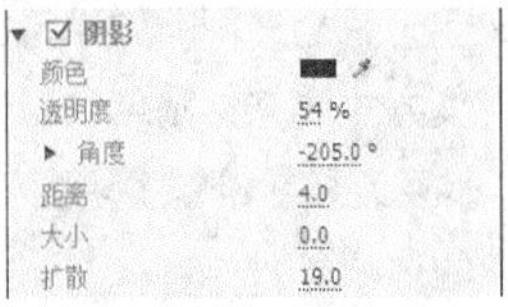

图 6-16

"颜色"：设置阴影的颜色。单击该选项右侧的颜色块，在弹出的对话框中可以选择需要的颜色。

"透明度"：设置阴影的不透明度。

"角度"：设置阴影的角度。

"距离"：设置文字与阴影之间的距离。

"大小"：设置阴影的大小。

"扩散"：设置阴影的扩散程度。

6.3.3 课堂案例——梦幻工厂

案例学习目标

输入水平文字。

案例知识要点

使用"字幕"命令添加并编辑文字；使用"运动"选项改变文字的位置、缩放、角度和透明度；使用"渐变"命令制作文字的倾斜效果；使用"斜面 Alpha"和"RGB 曲线"命令添加文字立体效果。梦幻工厂效果如图 6-17 所示。

图 6-17

效果所在位置

光盘/Ch06/梦幻工厂.prproj。

（1）启动 Premiere Pro CS5 软件，弹出"欢迎使用 Adobe Premiere Pro"界面，单击"新建项目"按钮，弹出"新建项目"对话框，设置"位置"选项，选择保存文件的路径，在"名称"文本框中输入文件名"梦幻工厂"，如图 6-18 所示。单击"确定"按钮，弹出"新建序列"对话框，在左侧的列表中展开"DV-PAL"选项，选中"标准 48kHz"模式，如图 6-19 所示，单击"确定"按钮。

图 6-18

图 6-19

（2）选择"文件 > 导入"命令，弹出"导入"对话框，选择光盘中"Ch05/梦幻工厂/素材"目录下的"01"文件，单击"打开"按钮，导入视频文件，如图 6-20 所示。导入后的文件排列在"项目"面板中，如图 6-21 所示。

图 6-20

图 6-21

（3）在"项目"面板中选中"01"文件并将其拖曳到"时间线"窗口中的"视频 1"轨道中，如图 6-22 所示。将时间指示器放置在 05:00s 的位置，在"视频 1"轨道上选中"01"文件，将鼠标指针放在"01"文件的尾部，当鼠标指针呈 ╫ 状时，向前拖曳鼠标到 5s 的位置上，如图 6-23 所示。

图 6-22

图 6-23

（4）将时间指示器放置在 00:00s 的位置，在"项目"面板中选中"01"文件。选择"特效控制台"面板，在"运动"选项中将"缩放比例"选项设置为 55.0，如图 6-24 所示，在"节目"窗口中预览效果，如图 6-25 所示。

图 6-24

图 6-25

（5）选择"文件 > 新建 > 字幕"命令，弹出"新建字幕"对话框，如图 6-26 所示。单击"确定"按钮，弹出字幕编辑面板，选择"输入"工具 T，在字幕工作区中输入"梦幻工厂"，其他设置如图 6-27 所示。关闭字幕编辑面板，新建的字幕文件自动保存到"项目"窗口中。

图 6-26

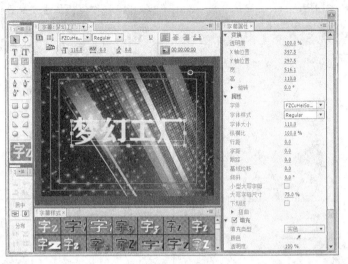

图 6-27

（6）在"项目"面板中选中"梦幻工厂"文件并将其拖曳到"视频 2"轨道中，如图 6-28 所示。选择"特效控制台"面板，将时间指示器放置在 00:00s 的位置，在"运动"选项中将"位置"选项设置为 545.0 和-70.0，"缩放比例"选项设置为 20.0，"旋转"选项设为 30.0，依次单击"位置"、"缩放比例"和"旋转"选项前面的记录动画按钮，如图 6-29 所示。

图 6-28

图 6-29

（7）将时间指示器放置在 1s 的位置，将"位置"选项设置为 360.0 和 287.0，"缩放比例"选项设置为 100.0，"旋转"选项设为 0.0°，如图 6-30 所示。

将时间指示器放置在 4s 的位置，单击"位置"、"缩放比例"、"旋转"和"透明度"选项右侧的"添加/删除关键帧"按钮，添加关键帧，如图 6-31 所示。将时间指示器放置在 5s 的位置，将"透明度"选项设置为 0.0%，如图 6-32 所示。

图 6-30

图 6-31

图 6-32

（8）选择"窗口 > 效果"命令，弹出"效果"面板，展开"视频特效"分类选项，单击"生成"文件夹前面的三角形按钮▶将其展开，选中"渐变"特效，如图 6-33 所示。将"渐变"特效拖曳到"时间线"窗口中的"梦幻工厂"层上，如图 6-34 所示。

图 6-33

图 6-34

（9）选择"特效控制台"面板，将时间指示器放置在 01:00s 的位置，展开"渐变"特效，将"起始颜色"设置为橘黄色（其 R、G、B 的值分别为 255、156、0），"结束颜色"设置为红色（其 R、G、B 的值分别为 255、0、0），其他参数设置如图 6-35 所示。在"节目"窗口中预览效果，如图 6-36 所示。

（10）在"渐变"特效选项中单击"渐变起点"和"渐变终点"选项前面的记录动画按钮◎，如图 6-37 所示。将时间指示器放置在 04:00s 的位置，

将"渐变起点"选项设置为 450.0 和 134.0，"渐变终点"选项设置为 260.0 和 346.0，如图 6-38 所示。在"节目"窗口中预览效果，如图 6-39 所示。

图 6-35

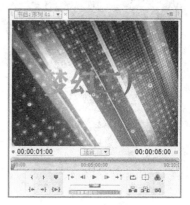

图 6-36

图 6-37

（11）选择"效果"面板，展开"视频特效"分类选项，单击"透视"文件夹前面的三角形按钮▶将其展开，选中"斜面 Alpha"特效，如图 6-40 所示。将"斜面 Alpha"特效拖曳到"时间线"窗口中的"梦幻工厂"层上，如图 6-41 所示。

图 6-38

图 6-39

图 6-40

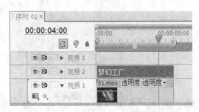

图 6-41

（12）选择"特效控制台"面板，展开"斜面
Alpha"特效并对其进行参数设置，如图 6-42 所示。
在"节目"窗口中预览效果，如图 6-43 所示。

图 6-42

图 6-43

（13）选择"效果"面板，展开"视频特效"
分类选项，单击"色彩校正"文件夹前面的三角形
按钮▶将其展开，选中"RGB 曲线"特效，如图 6-44
所示。将"RGB 曲线"特效拖曳到"时间线"窗口
中的"梦幻工厂"层上，如图 6-45 所示。

图 6-44

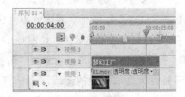

图 6-45

（14）选择"特效控制台"面板，展开"RGB曲线"特效并对其进行参数设置，如图 6-46 所示。在"节目"窗口中预览效果，如图 6-47 所示。梦幻工厂制作完成。

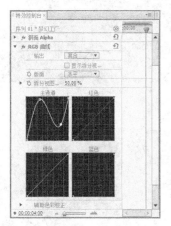

图 6-46

图 6-47

6.4　创建运动字幕

在观看电影时，经常会看到影片的开头和结尾都有滚动的文字，显示导演与演员的姓名等，或影片中人物对白的文字出现滚动效果。这些文字可以通过使用视频编辑软件添加到视频画面中。Premiere Pro CS5中提供了垂直滚动字幕和水平滚动字幕效果。

6.4.1　制作垂直滚动字幕

制作垂直滚动字幕的具体操作步骤如下。

STEP 1 启动Premiere Pro CS5，在"项目"面板中导入素材并将素材添加到"时间线"面板中的视频轨道上。

STEP 2 选择"字幕 > 新建字幕 > 默认静态字幕"命令，在弹出的"新建字幕"对话框中设置字幕的名称，单击"确定"按钮，打开"字幕"编辑面板，如图6-48所示。

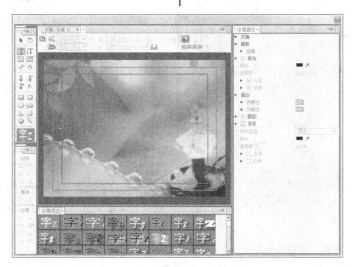

图 6-48

STEP 3 选择 "输入" 工具 $\boxed{T}$ ，在字幕工作区中单击并按住鼠标拖曳出一个文字输入的范围框，然后输入文字内容并对文字属性进行相应的设置，效果如图6-49所示。

图 6-49

STEP 4 单击 "滚动/游动选项" 按钮 $\boxed{\equiv}$ ，在弹出的对话框中选中 "滚动" 单选项，在 "时间（帧）" 栏中勾选 "开始于屏幕外" 和 "结束于屏幕外" 复选框，其他参数设置如图6-50所示。

图 6-50

STEP 5 单击 "确定" 按钮，再单击面板右上角的 "关闭" 按钮，关闭 "字幕" 编辑面板，返回到Premiere Pro CS5的工作界面，此时制作的字符将会自动保存在 "项目" 面板中。从 "项目" 面板中将新建的字幕添加到 "时间线" 面板的 "视频2" 轨道上，并将其调整为与轨道1中的素材等长，如图6-51所示。

图 6-51

STEP 6 单击 "节目" 监视器窗口下方的 "播放-停止切换" 按钮 $\boxed{\blacktriangleright}$/$\boxed{\blacksquare}$ ，即可预览字幕的垂直

滚动效果，分别如图6-52和图6-53所示。

图 6-52

图 6-53

6.4.2 制作横向滚动字幕

制作横向滚动字幕与制作垂直滚动字幕的操作基本相同，其具体操作步骤如下。

STEP 1 启动Premiere Pro CS5，在 "项目" 面板中导入素材并将素材添加到 "时间线" 面板中的视频1轨道上，然后创建一个字幕文件01。

STEP 2 选择 "输入" 工具 $\boxed{T}$ ，在字幕工作区中输入需要的文字并对文字属性进行相应的设置，效果如图6-54所示。

图 6-54

STEP 3 单击 "滚动/游动选项" 按钮 $\boxed{\equiv}$ ，在弹出的对话框中选中 "右游动" 单选项，在 "时间（帧）" 栏中勾选 "开始于屏幕外" 和 "结束于屏幕外" 复选框，其他参数设置如图6-55所示。

STEP 4 单击 "确定" 按钮，再次单击面板右上角的"关闭"按钮，关闭"字幕"编辑面板，返回到Premiere Pro CS5的工作界面，此时制作的字符将会自动保存在"项目"面板中，从"项目"面板中将新建的字幕添加到"时间线"面板的"视频2"轨道上，如图6-56所示。

图 6-55

图 6-56

STEP 5 单击"节目"监视器窗口下方的"播放-停止切换"按钮 ▶/■，即可预览字幕的横向滚动效果，分别如图6-57和图6-58所示。

图 6-57

图 6-58

6.5 课堂练习
——影视播报

练习知识要点

使用"轨道遮罩键"命令制作文字蒙版；使用"缩放比例"选项制作文字大小动画；使用"透明度"选项制作文字不透明动画效果。影视播报效果如图 6-59 所示。

效果所在位置

光盘/Ch06/影视播报. prproj。

图 6-59

6.6 课后习题
——节目片头

习题知识要点

使用"字幕"命令编辑文字和图形；使用"运动"选项改变文字的位置、缩放比例、角度和透明度；使用"照明效果"命令制作背景的照明效果。节目片头效果如图 6-60 所示。

效果所在位置

光盘/Ch06/节目片头. prproj。

图 6-60

7 Chapter

第 7 章
加入音频效果

本章对音频及音频特效的应用与编辑进行介绍，重点讲解调音台的使用、录音效果的制作及音频特效的添加等操作。通过对本章内容的学习，读者可以完全掌握 Premiere Pro CS5 的音频特效制作。

课堂学习目标

- 关于音频效果
- 使用调音台调节音频
- 调节音频
- 录音和子轨道
- 使用时间线窗口合成音频
- 分离和链接视音频
- 添加音频特效

7.1 关于音频效果

Premiere Pro CS5 音频改进后功能十分强大，不仅可以编辑音频素材、添加音效、设置单声道混音、制作立体声和 5.1 环绕声，还可以使用"时间线"窗口进行音频的合成。

Premiere Pro CS5 提供了一些处理方法，使用户可以很方便地处理音频，如声音的摇摆和声音的渐变处理等。

在 Premiere Pro CS5 中对音频素材进行处理主要有以下 3 种方式。

（1）在"时间线"窗口的音频轨道上通过修改关键帧的方式对音频素材进行操作，如图 7-1 所示。

图 7-1

（2）使用菜单命令中相应的命令来编辑所选的音频素材，如图 7-2 所示。

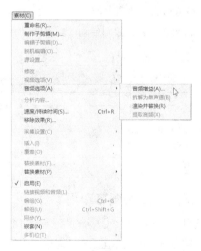

图 7-2

（3）在"效果"面板中为音频素材添加"音频特效"来改变音频素材的效果，如图 7-3 所示。

图 7-3

选择"编辑 > 首选项 > 音频"命令，在弹出对话框中可以对音频素材的属性进行初始化设置，如图 7-4 所示。

图 7-4

7.2 使用调音台调节音频

Premiere Pro CS5 有强大的音频处理能力，而且对音频的处理更加专业化。"调音台"窗口可以更加有效地调节节目的音频，如图 7-5 所示。

图 7-5

"调音台"由若干个轨道音频控制器、主音频控制器和播放控制器组成。每个控制器都使用控制按钮和调节滑杆调节音频。"调音台"窗口可以实时混合"时间线"窗口中各轨道的音频对象。用户可以在"调音台"窗口中选择相应的音频控制器，该控制器主要调节其在"时间线"窗口中对应的音频对象。

图 7-7

图 7-8

7.3 调节音频

"时间线"窗口中每个音频轨道上都有音频淡化控制器，用户可通过音频淡化器调节音频素材的电平。音频淡化控制器的初始状态为中低音量，相当于录音机表中的 0 dB。

可以调节整个音频素材的增益，同时保持已调制好的电平稳定不变。

在 Premiere Pro CS5 中，用户可以通过淡化器调节工具或者调音台调制音频电平。在 Premiere Pro CS5 中，对音频的调节分为素材调节和轨道调节。对素材进行调节时，音频的改变仅对当前的音频素材有效，素材删除后，调节效果就消失了；而轨道调节仅针对当前音频轨道进行调节，所有在当前音频轨道上的音频素材都会在调节范围内受到影响。使用实时记录时，只能针对音频轨道进行调节。

在音频轨道控制面板左侧单击按钮◎，可在弹出的列表中选择音频轨道的显示内容，如图 7-6 所示。

（4）单击添加一个关键帧，用户可以根据需要添加多个关键帧。单击并按住鼠标左键上下拖曳关键帧，关键帧之间的直线指示音频素材是淡入还是淡出：一条递增的直线表示音频淡入，另一条递减的直线表示音频淡出，如图 7-9 所示。

图 7-9

（5）用鼠标右键单击素材，选择"音频增益"命令，在弹出的对话框中单击"标准化所有峰值为"单选项，可以使音频素材自动匹配到最佳音量，如图 7-10 所示。

图 7-10

7.3.2 实时调节音频

使用 Premiere Pro CS5 的"调音台"窗口调节音量非常方便，可以在播放音频时实时进行调节。使用调音台调节音频音量的方法如下。

（1）在"时间线"窗口轨道控制面板左侧单击按钮◎，在弹出的列表中选择"显示轨道音量"选项。

图 7-6

7.3.1 使用淡化器调节音频

选择"显示素材卷"、"显示轨道卷"，可以分别调节素材、轨道的音量。

（1）在默认情况下，音频轨道面板卷展栏是关闭的。单击卷展控制按钮▷，使其变为▽状态，展开轨道。

（2）使用"钢笔"工具▽或"选择"工具▷拖曳音频素材（或轨道）上的黄线即可调整音量，如图 7-7 所示。

（3）按住<Ctrl>键的同时将鼠标指针移动到音频淡化器上，指针将变为带有加号的箭头，如图 7-8 所示。

（2）在"调音台"窗口上方需要进行调节的轨道上单击"只读"下拉列表框，在下拉列表中进行设置，如图 7-11 所示。

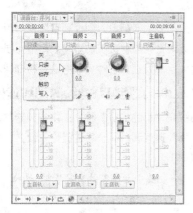

图 7-11

"关"：选择该命令，系统会忽略当前音频轨道上的调节，仅按默认设置播放。

"只读"：选择该命令，系统会读取当前音频轨道上的调节效果，但是不能记录音频调节过程。

"锁存"：当使用自动书写功能实时播放记录调节数据时，每调节一次，下一次调节时调节滑块将在上一次调节点之后的位置；当单击停止按钮停止播放音频后，当前调节滑块会自动移到音频对象在进行当前编辑前的参数值处。

"触动"：当使用自动书写功能实时播放记录调节数据时，每调节一次，下一次调节时调节滑块初始位置会自动在音频对象在进行当前编辑前的参数值处。

"写入"：当使用自动书写功能实时播放记录调节数据时，每调节一次，下一次调节时调节滑块将在上一次调节后的位置。在"调音台"中激活需要"调节轨"自动记录的状态，一般情况下选择"写入"即可。

（3）单击"播放-停止切换"按钮 ▶ ，"时间线"窗口中的音频素材开始播放。拖曳音量控制滑块进行调节，调节完成后，系统自动记录结果，如图 7-12 所示。

图 7-12

7.4 录音和子轨道

由于 Premiere Pro CS5 的调音台提供了全新的录音和子轨道调节功能，因此可直接在计算机上完成解说或者配音的工作。

7.4.1　制作录音

使用录音功能，首先必须保证计算机的音频输入装置被正确连接。可以使用麦克风或者其他 MIDI 设备在 Premiere Pro CS5 中录音，录制的声音会成为音频轨道上的一个音频素材，还可以将这个音频素材输出保存为一个兼容的音频文件格式。

制作录音的方法如下。

（1）单击"激活录制轨"按钮 🎤 ，激活要录制的音频轨道，如图 7-13 所示。

图 7-13

（2）激活录音装置后，上方会出现音频输入的设备选项，选择输入音频设备即可。

（3）单击窗口下方的按钮 ⬤ ，如图 7-14 所示。

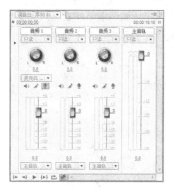

图 7-14

（4）单击窗口下方的按钮 ▶ ，进行解说或者演奏；单击按钮![图标]，停止录音，当前音频轨道上出现刚才录制的声音，如图7-15所示。

图7-15

7.4.2 添加与设置子轨道

添加与设置子轨道的方法如下。

（1）单击"调音台"窗口左侧的按钮▶，展开特效和子轨道设置栏，其下方的 ≪ 区域用来添加音频子轨道。单击子轨道的区域中的小三角按钮，会弹出子轨道下拉列表，如图7-16所示。

图7-16

（2）在下拉列表中选择添加的子轨道类型，可以添加一个单声轨、立体声或者5.1声道的子轨道。选择子轨道类型后，即为当前音频轨道添加了子轨道。可以切换至不同的子轨道分别对其进行调节控制，Premiere Pro CS5提供了5个子轨道控制，如图7-17所示。

（3）单击子轨道调节栏右上角的图标，使其变为 ≪ 状态，可以屏蔽当前子轨道。

图7-17

7.5 使用时间线窗口合成音频

将所需要的音频导入到"项目"窗口后，接下来就可以对音频素材进行编辑了。本节主要对音频素材的编辑、处理等各种操作方法进行介绍。

7.5.1 调整音频持续时间和速度

与视频素材的编辑一样，应用音频素材时，可以对其播放速度和时间长度进行修改设置，具体操作步骤如下。

STEP 1 选中要调整的音频素材，选择"素材 > 速度/持续时间"命令，弹出"素材速度/持续时间"对话框，在"持续时间"文本框中可以对音频素材的持续时间进行调整，如图7-18所示。

STEP 2 在"时间线"窗口中直接拖曳音频素材的边缘，可改变音频轨道上音频素材的长度。也可利用"剃刀"工具![图标]，将音频素材多余的部分切除掉，如图7-19所示。

图7-18

图7-19

7.5.2 音频增益

音频增益指的是音频信号声调的高低。当一个视频片段同时拥有几个音频素材时，就需要平衡这几个素材的增益。如果一个素材的音频信号太高或太低，都会严重影响播放时的音频效果。可通过以下步骤设置音频增益。

（1）选择"时间线"窗口中需要调整的素材，被选择的素材周围会出现黑色实线，如图 7-20 所示。

图 7-20

（2）选择"素材 > 音频选项 > 音频增益"命令，弹出"音频增益"对话框，将鼠标指针移动到该对话框的参数选项上，当指针变为手形标记时，单击并按住鼠标左键左右拖曳，增益值将被改变，如图 7-21 所示。

图 7-21

（3）完成设置后，可以通过"源"窗口查看处理后的音频波形变化，播放修改后的音频素材，试听音频效果。

7.5.3　课堂案例——声音的变调与变速

🔍 **案例学习目标**

改变音频的时间长度和播放速度。

🔍 **案例知识要点**

使用"解除视音频链接"命令将视频和音频分离；使用"平衡"命令调整音频的左右声道；使用"PitchShifter（音调转换）"命令调整音频的速度与音调。声音的变调与变速如图 7-22 所示。

图 7-22

🔍 **效果所在位置**

光盘/Ch07/声音的变调与变速.prproj。

1. 分离音频文件

（1）启动 Premiere Pro CS5 软件，弹出"欢迎使用 Adobe Premiere Pro"界面，单击"新建项目"按钮 🔳，弹出"新建项目"对话框，设置"位置"选项，选择保存文件的路径，在"名称"文本框中输入文件名"声音的变调与变速"，如图 7-23 所示。单击"确定"按钮，弹出"新建序列"对话框，在左侧的列表中展开"DV-PAL"选项，选中"标准48kHz"模式，如图 7-24 所示，单击"确定"按钮。

图 7-23

图 7-24

（2）选择"文件 > 导入"命令，弹出"导入"对话框，选择光盘中的"Ch07/声音的变调与变速/素材/01 和 02"文件，单击"打开"按钮，导入图片，如图 7-25 所示，导入后的文件排列在"项目"面板中，如图 7-26 所示。

（3）在"项目"面板中选中"01"文件并将其拖曳到"时间线"窗口中的"视频 1"轨道中，如图 7-27

所示。将其选中，选择"素材 > 解除视音频链接"命令，将视频和音频分离，如图7-28所示。

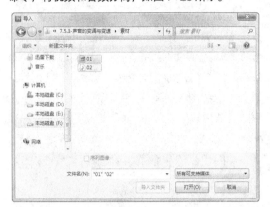

图7-25

图7-26

图7-27

图7-28

（4）在"项目"面板中选中"02"文件并将其拖曳到"音频2"轨道中，如图7-29所示。将两个轨道中的音频重新命名，选中"音频1"轨道中

的"01"文件，选择"素材 > 重命名"命令将其命名为"音乐"，再选中"音频2"轨道中的"02"文件，选择"素材 > 重命名"命令将其命名为"解说"，如图7-30所示。

图7-29

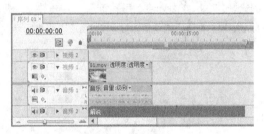

图7-30

2. 调整音频的速度

（1）选择"窗口 > 效果"命令，弹出"效果"面板，展开"音频特效"选项，单击"立体声"文件夹前面的三角形按钮▷将其展开，选中"平衡"特效，如图7-31所示。将"平衡"特效拖曳到"时间线"窗口中的"音乐"文件上，如图7-32所示。

图7-31

（2）选择"特效控制台"面板，展开"平衡"特效，将"平衡"选项设置为 100.0，即设置为只有右声道有声音，如图7-33所示。

图 7-32

图 7-33

（3）选择"效果"面板，展开"音频特效"选项，单击"立体声"文件夹前面的三角形按钮 ▷ 将其展开，选中"平衡"特效，如图 7-34 所示。将"平衡"特效拖曳到"时间线"窗口中的"解说"文件上，如图 7-35 所示。

图 7-34

图 7-35

（4）选择"特效控制台"面板，展开"平衡"特效，将"平衡"选项设置为–100.0，即设置为只有左声道有声音，如图 7-36 所示。

图 7-36

（5）选择"效果"面板，展开"音频特效"选项，单击"立体声"文件夹前面的三角形按钮 ▷ 将其展开，选中"PitchShifter（音调转换）"特效，如图 7-37 所示。将 PitchShifter 特效拖曳到"时间线"窗口中的"解说"文件上，如图 7-38 所示。

图 7-37

图 7-38

（6）选择"特效控制台"面板，展开 PitchShifter 特效，展开"自定义设置"选项，将"Pitch"选项设置为 5，其他设置如图 7-39 所示，在"时间线"窗口中选择"海浪"文件，选择"素材 > 速度/持续时间"命令，弹出"素材速度/持续时间"对话框，将"速度"选项参数值设置为 85%，如图 7-40 所示，单击"确定"按钮，音频的速度变慢，同时音调被降低。

图 7-39

图 7-40

（7）同时，"时间线"窗口中的"解说"文件自动延长到 28:15s 的位置，如图 7-41 所示。声音的变调与变速制作完成，如图 7-42 所示。

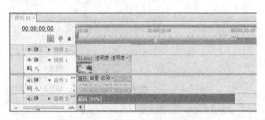

图 7-41

图 7-42

7.6 分离和链接视音频

在编辑工作中，经常需要将"时间线"窗口中的

视音频链接素材的视频和音频部分分离。用户可以完全断开或者暂时释放链接素材的链接并重新设置各部分。

Premiere Pro CS5 中的音频素材和视频素材有两种链接关系：硬链接和软链接。如果链接的视频和音频来自于一个影片文件，它们就是硬链接，"项目"窗口中只显示一个素材，硬链接是在素材导入 Premiere Pro CS5 之前建立的，在"时间线"窗口中显示为相同的颜色，如图 7-43 所示。软链接是在"时间线"窗口中建立的链接。用户可以在"时间线"窗口中为音频素材和视频素材建立软链接。软链接类似于硬链接，但进行软链接的素材在"项目"窗口中保持着各自的完整性，在"序列"窗口中显示为不同的颜色，如图 7-44 所示。

图 7-43

图 7-44

如果要分离链接在一起的视音频，在轨道上选择对象，单击鼠标右键，在弹出的快捷菜单中选择"解除视音频链接"命令即可，如图 7-45 所示。被分离的视音频素材可以单独进行操作。

图 7-45

如果要把分离的视音频素材链接在一起作为一个整体进行操作，则只需要框选需要链接的视音频，单击鼠标右键，在弹出的快捷菜单中选择"链接视频和音频"命令即可，如图 7-46 所示。

图 7-46

7.7 添加音频特效

Premiere Pro CS5 提供了 20 种以上的音频特效，可以通过特效产生回声、合声以及去除噪声的效果，还可以使用扩展的插件获得更多的特效。

7.7.1 为素材添加特效

音频素材特效的添加方法与视频素材的特效添加方法相同，这里不再赘述。可以在"效果"窗口中展开"音频特效"选项，分别在不同的音频模式文件夹中选择音频特效进行设置即可，如图 7-47 所示。

在"音频过渡"选项下，Premiere Pro CS5 还为音频素材提供了简单的切换方式，如图 7-48 所示。为音频素材添加切换的方法与视频素材相同。

图 7-47   图 7-48

7.7.2 设置轨道特效

除了可以对轨道上的音频素材设置特效外，还可以直接为音频轨道添加特效。首先在调音台中展开目标轨道的特效设置栏，单击右侧设置栏上的小三角，弹出音频特效下拉列表，如图 7-49 所示，选择需要使用的音频特效即可。可以在同一个音频轨道上添加多个特效并分别对其进行控制，如图 7-50 所示。

如果要调节轨道的音频特效，可以单击鼠标右键，在弹出的下拉列表中选择设置，如图 7-51 所示。在下拉列表中选择"编辑"命令，可以在弹出的"特效设置"对话框中进行更详细的设置。图 7-52 所示为 Phaser 的详细设置窗口。

图 7-49

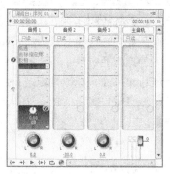

图 7-50

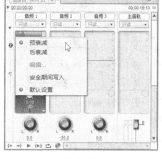

图 7-51   图 7-52

7.7.3 音频效果简介

5.1 音频文件下包含如下音频特效：选频、多功能延迟、Chorus、DeClicker、DeCrackler、DeEsser、DeHummer、DeNoiser 降噪、Dynamics 编辑器、EQ 均衡多频带压缩、Flanger、Multiband Compressor、低通、低音、Phaser、PitchShifter、Reverb 混响、Spectral Noise Reduction、去除指定频率、参数均衡、

反相、声道音量、延迟、音量、高通和高音。

立体声文件夹下面包含如下音频特效：选频、多功能延迟、Chorus、DeClicker、DeCrackler、DeEsser、DeHummer、DeNoiser、Dynamics、EQ、Flanger、Multiband Compressor、低通、低音、Phaser、PitchShifter、Reverb、平衡、Spectral NoiseReduction、使用右声道、使用左声道、互换声道、去除指定频率、参数均衡、反相、声道音量、延迟、音量、高通和高音。

单声道文件夹下面包含如下音频特效：选频、多功能延迟、Chorus、DeClicker、DeCrackler、DeEsser、DeHummer、Dynamics、EQ、Flanger、Multiband Compressor、低通、低音、Phaser、Pitch Shifter、Reverb、Spectral Noise Reduction、去除指定频率、参数均衡、反相、延迟、音量、高通、高音。

用于轨道音频的特效有以下几种：平衡、选频、低音、声道音量、DeNoiser、延迟、Dynamics、EQ、使用左声道/使用右声道、高通/低通、反相、Multiband Compressor、多功能延迟、去除指定频率、参数均衡、PitchShifter、Reverb、互换声道、高音、音量。

7.8 课堂练习
——音频的剪辑

⊕ 练习知识要点

使用"缩放比例"选项改变视频的大小；使用"显示轨道关键帧"选项制作音频的淡出与淡入效果。音频的剪辑效果如图7-53所示。

⊕ 效果所在位置

光盘/Ch07/音频的剪辑. prproj。

图 7-53

7.9 课后习题
——音频的调节

⊕ 习题知识要点

使用"缩放比例"选项改变图像或视频文件的大小；使用"自动颜色"命令自动调整图像的颜色；使用"色阶"命令调整图像的亮度对比度；使用"通道混合"命令调整多个通道之间的颜色；使用"调音台"面板调整音频。音频的调节效果如图7-54所示。

⊕ 效果所在位置

光盘/Ch07/音频的调节. prproj。

图 7-54

8

Chapter

第 8 章
文件输出

本章主要介绍 Premiere Pro CS5 节目最终输出的类型与格式以及相关的参数设置。读者通过对本章的学习，可以掌握渲染输出的方法和技巧。

课堂学习目标

- Premiere Pro CS5 可输出的文件格式
- 影片项目的预演
- 输出参数的设置
- 渲染输出各种格式文件

8.1 Premiere Pro CS5 可输出的文件格式

在 Premiere Pro CS5 中可以输出多种文件格式，包括视频格式、音频格式、静态图像和序列图像等，下面进行详细介绍。

8.1.1 Premiere Pro CS5 可输出的视频格式

在 Premiere Pro CS5 中可以输出多种视频格式，常用的有以下几种。

（1）AVI：AVI 是 Audio Video Interleaved 的缩写，是 Windows 操作系统中使用的视频文件格式，它的优点是兼容性好、图像质量好、调用方便，缺点是文件较大。

（2）Animated GIF：GIF 是动画格式的文件，可以显示视频画面，但不包含音频部分。

（3）Fic/Fli：支持系统的静态画面或动画。

（4）Filmstrip：电影胶片（也称为幻灯片影片），但不包括音频部分。该类文件可以通过 Photoshop 等软件进行画面效果的处理，然后再导入到 Premiere Pro CS5 中进行编辑输出。

（5）QuickTime：用于 Windows 和 Mac 系统上的视频文件，适合于网上下载。该文件格式是由 Apple 公司开发的。

（6）DVD：DVD 是用 DVD 刻录机及 DVD 空白光盘刻录而成的。

（7）DV：DV 的全称是 Digital Video，是新一代数字录像带的规格，它具有体积小、时间长的优点。

8.1.2 Premiere Pro CS5 可输出的音频格式

在 Premiere Pro CS5 中可以输出多种格式的音频，其主要输出的音频格式有以下几种。

（1）WAV：WAV 的全称是 Windows Media Audio。WMA 音频文件是一种压缩的离散文件或流式文件。它采用的压缩技术与 MP3 压缩原理近似，但它并不削减大量的编码。WMA 最主要的优点是可以在较低的采样率下压缩出近于 CD 音质的音乐。

（2）MPEG：MPEG（动态图像专家组）创建于 1988 年，专门负责为 CD 建立视频和音频等相关标准。

（3）MP3：MP3 是 MPEG Audio Layer3 的简称，能够在保证高音质、低采样率的情况下对数字音频文件进行压缩。

此外，Premiere Pro CS5 还可以输出 DV AVI、Real Media 和 QuickTime 格式的音频。

8.1.3 Premiere Pro CS5 可输出的图像格式

在 Premiere Pro CS5 中可以输出多种图像格式，其主要输出的图像格式有以下几种。

（1）静态图像格式：Film Strip、FLC/FLI、Targa、TIFF 和 Windows Bitmap。

（2）序列图像格式：GIF Sequence、Targa Sequence 和 Windows Bitmap Sequence。

8.2 影片项目的预演

影片预演是视频编辑过程中对编辑效果进行检查的重要方法，它实际上也属于视频编辑工作的一个部分。影片预演分为两种：一种是影片实时预演；另一种是生成影片预演。

8.2.1 影片实时预演

实时预演也称为实时预览，即平时所说的预览。进行影片实时预演的具体操作步骤如下。

STEP 1 影片编辑制作完成后，在"时间线"面板中将时间标记移动到需要预演的片段开始位置，如图8-1所示。

图 8-1

STEP 2 在"节目"监视器窗口中单击"播放-

停止切换"按钮 ，开始播放节目，在"节目"监视器窗口中预览节目的最终效果，如图8-2所示。

图 8-2

8.2.2　生成影片预演

与实时预演不同的是，生成影片预演不是使用显卡对画面进行实时渲染，而是用计算机的 CPU 对画面进行运算，先生成预演文件，然后再播放。因此，影片的预演效果取决于计算机 CPU 的运算能力。生成预演播放的画面是平滑的，不会产生停顿或跳跃，所呈现出来的画面效果和渲染输出的效果是完全一致的。生成影片预演的具体操作步骤如下。

STEP 1 影片编辑制作完成后，在"时间线"面板中拖曳工具区范围条　的两端，以确定要生成影片预演的范围，如图8-3所示。

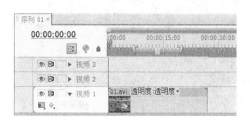

图 8-3

STEP 2 选择"序列 > 渲染工作区域内的效果"命令，将开始对影片进行渲染，并弹出"正在渲染"对话框显示渲染进度，如图8-4所示。

STEP 3 在"渲染"对话框中单击"渲染详细信息"选项前面的按钮 ▶，展开此选项，可以查看渲染的时间和磁盘的剩余空间等信息，如图8-5所示。

图 8-4

STEP 4 渲染结束后，系统会自动播放该片段，在"时间线"面板中，预演部分将会显示绿色线条，其他部分则保持为黄色线条，如图8-6所示。

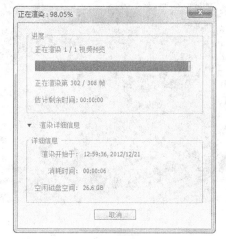

图 8-5

图 8-6

STEP 5 如果用户先设置了预演文件的保存路径，就可在计算机的硬盘中找到预演生成的临时文件，如图8-7所示。双击该文件，则可以脱离Premiere Pro CS5程序独立进行播放，如图8-8所示。

生成的预演文件可以重复使用，用户下一次预演该片段时会自动调用该预演文件。关闭该项目文件时，如果不进行保存，预演生成的临时文件就会被自动删除；如果用户在修改预演区片段后再次预演，就会重新渲染并生成新的预演临时文件。

图 8-7

图 8-8

8.3 输出参数的设置

在 Premiere Pro CS5 中，既可以将影片输出为能在电影或电视中播放的录像带，也可以输出能通过网络进行传输的网络流媒体的格式，还可以输出可以制作 VCD 或 DVD 光盘的 AVI 文件等。但是无论输出的是何种类型，在输出文件之前，都必须合理地设置相关的输出参数，使输出的影片达到理想的效果。本节以输出 AVI 格式为例，介绍输出前的参数设置方法，其他格式类型的输出参数设置与此类型基本相同。

8.3.1 输出选项

影片制作完成后即可输出，在输出影片之前，可以设置一些基本参数，其具体操作步骤如下。

STEP 1 在"时间线"窗口中选择需要输出的视频序列，然后选择"文件 > 导出 > 媒体"命令，在弹出的对话框中进行设置，如图8-9所示。

图 8-9

STEP 2 在对话框右侧的选项区域中设置文件的格式以及输出区域等参数选项。

1. 文件类型

用户可以将输出的数字电影设置为不同的格

式,以便适应不同的需要。在"格式"选项的下拉列表中,选择可以输出的媒体格式,如图 8-10 所示。

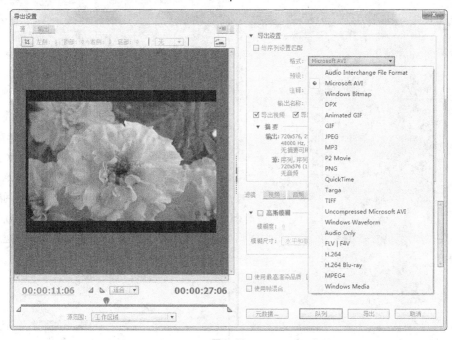

图 8-10

在 Premiere Pro CS5 中默认的输出文件类型或格式主要有以下几种。

(1)如果要输出为基于 Windows 操作系统的数字电影,则选择"Microsoft AVI"(Windows 格式的视频格式)选项。

(2)如果要输出为基于 Mac 操作系统的数字电影,则选择"QuickTime"(MAC 视频格式)选项。

(3)如果要输出 GIF 动画,则选择"Animated GIF"选项,即输出的文件连续存储了视频的每一帧,这种格式支持文件在网页上以动画形式播放,但不支持声音播放。若选择"GIF"选项,则只能输出为单帧的静态图像序列。

(4)如果想输出 WAV 格式的影片声音文件,则选择"Windows Waveform"选项。

2. 输出视频

勾选"导出视频"复选框,可输出整个编辑项目的视频部分;若取消选择,则不能输出视频部分。

3. 输出音频

勾选"导出音频"复选框,可输出整个编辑项

目的音频部分;若取消选择,则不能输出音频部分。

8.3.2 "视频"选项区域

在"视频"选项区域中,可以为输出的视频指定使用的格式、品质以及影片尺寸等相关的选项参数,如图 8-11 所示。

"视频"选项卡下各主要选项的含义如下。

"视频编解码器":通常,视频文件的数据量很大,为了减少视频文件所占的磁盘空间,输出时可以对文件进行压缩。在该选项的下拉列表中可以选择需要的压缩方式,如图 8-12 所示。

"品质":设置影片的压缩品质,通过设置百分比数值来实现。

"宽度"/"高度":设置影片的尺寸。我国使用 PAL 制,选择 720×576。

"帧速率":设置每秒播放画面的帧数。提高帧速度会使画面播放得更流畅。如果将文件类型设置为 Microsoft DV AVI,那么 DV PAL 对应的帧速率是固定的 29.97 和 25;如果将文件类型设置为

Microsoft AVI,那么帧速率可以选择 1~60 的数值。

图 8-11

图 8-12

"场类型"：设置影片的场扫描方式，有上场、下场和无场 3 种方式。

"纵横比"：设置视频制式的画面比。单击该选项右侧的按钮，在弹出的下拉列表中选择需要的选项，如图 8-13 所示。

图 8-13

8.3.3 "音频"选项区域

在"音频"选项卡下中，可以为输出的音频指定使用的压缩方式、采样速率以及量化指标等相关

的选项参数，如图 8-14 所示。

图 8-14

"音频"选项卡下各主要选项的含义如下。

"音频编码"：为输出的音频选项选择合适的压缩方式进行压缩。Premiere Pro CS5 默认的选项是"无压缩"。

"采样率"：设置输出节目音频时所使用的采样速率，如图 8-15 所示。采样速率越高，播放质量越好，但所需的磁盘空间越大，占用的处理时间越长。

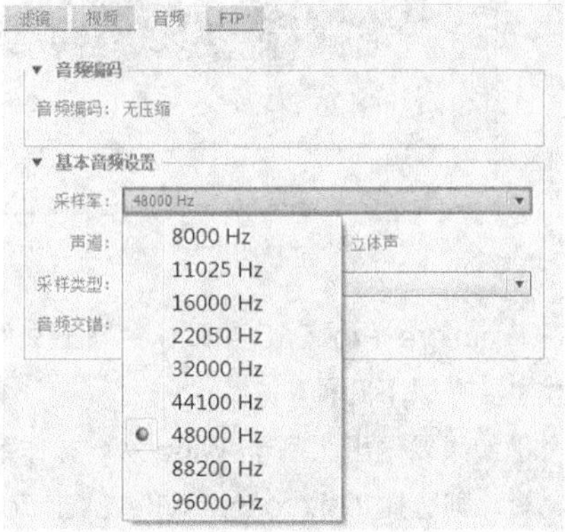

图 8-15

"采样类型"：设置输出节目音频时所使用的声音量化倍数，最高为 32bit。一般地，要获得较好的音频质量，就要使用较高的量化位数，如图 8-16 所示。

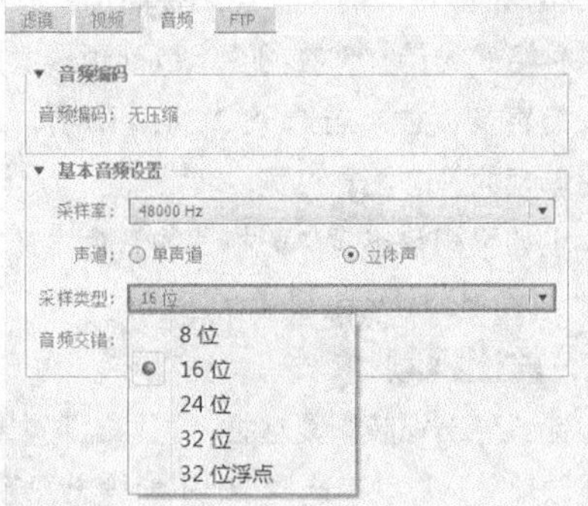

图 8-16

"声道"：可以为音频选择单声道或立体声。

8.4 渲染输出各种格式文件

Premiere Pro CS5 可以渲染输出多种格式文件，从而使视频剪辑更加方便、灵活。本节重点介绍各种常用格式文件渲染输出的方法。

8.4.1 输出单帧图像

在视频编辑中，可以将画面的某一帧输出，以便给视频动画制作定格效果。Premiere Pro CS5 中

输出单帧图像的具体操作步骤如下。

STEP 1 在 Premiere Pro CS5 的时间线上添加一段视频，选择"文件 > 导出 > 媒体"命令，弹出"导出设置"对话框，在"格式"选项的下拉列表中选择"TIFF"选项，在"预设"选项的下拉列表中选择"PAL TIFF"选项，在"输出名称"框中输入文件名并设置文件的保存路径，勾选"导出视频"复选框，其他参数保持默认状态，如图 8-17 所示。

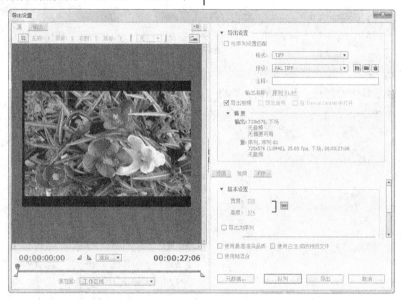

图 8-17

STEP 2 单击"队列"按钮，打开 Adobe Media Encoder 窗口，然后单击右侧的"开始队列"按钮渲染输出视频，如图 8-18 所示。

图 8-18

输出单帧图像时最关键的是时间指针的定位，它决定了单帧输出的图像内容。

8.4.2 输出音频文件

Premiere Pro CS5 可以将影片中的一段声音或影片中的歌曲制作成音乐光盘等文件。输出音频文件的具体操作步骤如下。

STEP 1 在 Premiere Pro CS5 的时间线上添加一个有声音的视频文件或打开一个有声音的项目文件，选择"文件 > 导出 > 媒体"命令，弹出"导出设置"对话框，在"格式"选项的下拉列表中选择"MP3"选项，在"预设"选项的下拉列表中选择"MP3 128kbps"选项，在"输出名称"文本框中输入文件名并设置文件的保存路径，勾选"导出音频"复选框，其他参数保持默认状态，如图 8-19 所示。

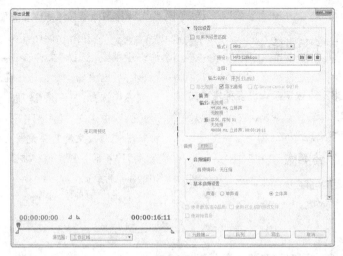

图 8-19

STEP 2 单击"队列"按钮，打开Adobe Media Encoder窗口，然后单击右侧的"开始队列"按钮渲染输出音频，如图8-20所示。

图 8-20

8.4.3 输出整个影片

输出影片是最常用的输出方式。它将编辑完成的项目文件以视频格式输出，可以输出编辑内容的全部或者某一部分，也可以只输出视频内容或者只输出音频内容，一般将全部的视频和音频一起输出。

下面以 Microsoft AVI 格式为例，介绍输出影片的方法，其具体操作步骤如下。

STEP 1 选择"文件 > 导出 > 媒体"命令，弹出"导出设置"对话框。

STEP 2 在"格式"选项的下拉列表中选择"Microsoft AVI"选项。

STEP 3 在"预设"选项的下拉列表中选择"PAL DV"选项，如图8-21所示。

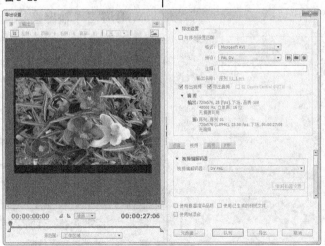

图 8-21

STEP 4 在"输出名称"文本框中输入文件名并设置文件的保存路径，勾选"导出视频"复选框和"导出音频"复选框。

STEP 5 设置完成后，单击"队列"按钮，打开Adobe Media Encoder窗口，单击右侧的"开始队列"按钮渲染输出视频，如图8-22所示。渲染完成后，即可生成AVI格式的影片。

图 8-22

8.4.4　输出静态图片序列

在 Premiere Pro CS5 中，可以将视频输出为静态图片序列。也就是说，将视频画面的每一帧都输出为一张静态图片，这一系列图片中的每一张都具有一个自动编号。这些输出的序列图片可用作 3D 软件中的动态贴图，并且可以移动和存储。

输出静态图片序列的具体操作步骤如下。

STEP 1 在Premiere Pro CS5的时间线上添加一段视频文件，设定只输出视频的一部分内容，如图8-23所示。

图 8-23

STEP 2 选择"文件 > 导出 > 媒体"命令，弹出"导出设置"对话框，在"格式"选项的下拉列表中选择"TIFF"选项，在"输出名称"文本框中输入文件名并设置文件的保存路径，勾选"导出视频"复选框，在"视频"扩展参数面板中勾选"导出为序列"复选框，其他参数保持默认状态，如图8-24所示。

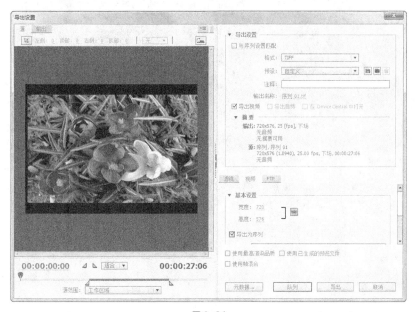

图 8-24

STEP 3 单击"队列"按钮，打开Adobe Media Encoder窗口，单击该窗口右侧的"开始队列"按钮，渲染输出视频，如图8-25所示。输出完成后的静态图片序列文件，如图8-26所示。

图 8-26

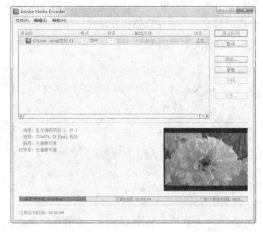

图 8-25

非线性影视编辑基础与应用教程

（Premiere Pro CS5）

Part Two

下篇

应用篇

9
Chapter

第 9 章
制作电视节目包装

电视节目包装旨在确立电视节目的品牌地位，在突出节目特征和特色的同时，增强观众对节目的鉴别能力，使包装形式与节目有机地融为一体。本章以多个主题的电视节目包装为例，讲解电视节目包装的构思方法和制作技巧，读者通过对本章内容的学习，可以设计制作出赏心悦目、精美独特的电视节目包装。

课堂学习目标

- 了解电视节目包装的构成元素
- 掌握电视节目包装的设计思路
- 掌握电视节目包装的制作技巧

9.1 制作节目片头包装

9.1.1 案例分析

使用"字幕"命令编辑文字与背景效果；使用"时钟式划变"命令制作倒计时效果；使用"速度/持续时间"命令调整视频播放速度。

9.1.2 案例设计

本案例设计流程如图 9-1 所示。

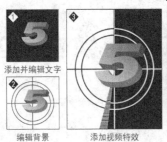
添加并编辑文字

编辑背景　　　　添加视频特效

最终效果

图 9-1

9.1.3 案例制作

1. 导入图片

（1）启动 Premiere Pro CS5 软件，弹出"欢迎使用 Adobe Premiere Pro"欢迎界面，单击"新建项目"按钮 ，弹出"新建项目"对话框，设置"位置"选项，选择保存文件的路径，在"名称"文本框中输入文件名"制作节目片头包装"，如图 9-2 所示，单击"确定"按钮，弹出"新建序列"对话框，在左侧的列表中展开"DV-PAL"选项，选中"标准 48kHz"模式，如图 9-3 所示，单击"确定"按钮。

图 9-2

（2）选择"文件 > 新建 > 字幕"命令，弹出"新建字幕"对话框，在"名称"文本框中输入"数字 1"，如图 9-4 所示，单击"确定"按钮，弹出"字幕"编辑面板，如图 9-5 所示。

图 9-3

图 9-4

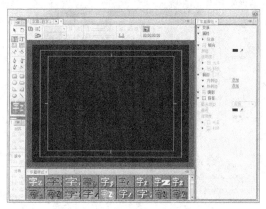

图 9-5

（3）选择"输入"工具 T，在字幕窗口中输入文字"1"，如图 9-6 所示。选择"字幕属性"面板，展开"变换"和"属性"选项并对其进行参数设置，如图 9-7 所示。展开"填充"选项，设置"填充类型"选项为"四色渐变"，在"颜色"选项中设置左上角为橙黄色（其 R、G、B 的值分别为 255、155、0），右上角为红色（其 R、G、B 的值分别为 255、34、0），左下角为黄色（其 R、G、B 的值分别为 255、217、0），右下角为绿色（其 R、G、B 的值分别为 157、255、0），其他设置如图 9-8 所示。

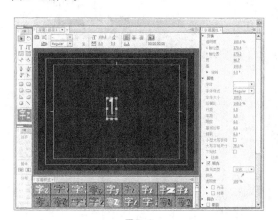

图 9-6

（4）展开"描边"选项，单击"外侧边"右侧的"添加"项进行属性设置，在"颜色"选项中设置第 1 个色块为深红色（其 R、G、B 的值分别为 125、0、0），设置第 2 个色块为棕黄色（其 R、G、B 的值分别为 150、93、0），其他设置如图 9-9 所示。在字幕窗口中的效果如图 9-10 所示。用相同的方法制作数字 2~5，制作完成后在"项目"

面板中的显示如图 9-11 所示。

图 9-7

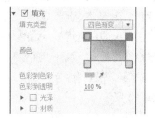

图 9-8

图 9-9

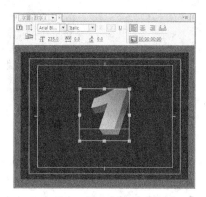

图 9-10

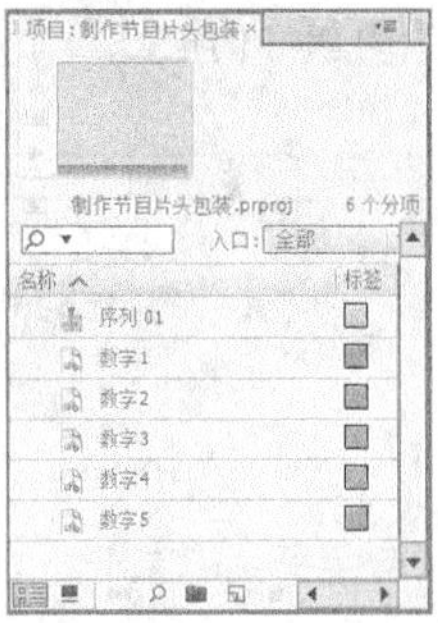

图 9-11

2. 编辑背景

（1）选择"文件 > 新建 > 字幕"命令，弹出"新建字幕"对话框，在"名称"文本框中输入"白色背景"，如图 9-12 所示。单击"确定"按钮，弹出字幕窗口，选择"矩形"工具 ▣，绘制一个和字幕窗口一样大的白色矩形，如图 9-13 所示。在"字幕属性"面板中，展开"属性"、"填充"和"描边"选项，设置"颜色"选项为白色，其他设置如图 9-14 所示。

图 9-12

图 9-14

图 9-15

图 9-16

（2）选择"直线"工具 ◥，在字幕窗口中绘制一条直线，如图 9-15 所示。展开"填充"选项，设置"颜色"为黑色，如图 9-16 所示。用相同的方法绘制出另外一条垂直直线，结果如图 9-17 所示。

图 9-13

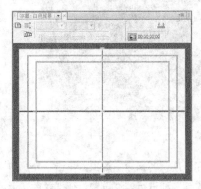

图 9-17

（3）选择"椭圆形"工具 ◯，绘制第 1 个圆形。在"字幕属性"面板中，展开"变换"、"属性"和"填充"选项，在"填充"选项中设置"颜色"选项为黑色，其他设置如图 9-18 所示。在字幕窗口中的效果如图 9-19 所示。

图 9-18

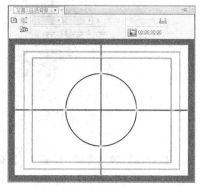

图 9-19

（4）选择"椭圆形"工具，绘制第 2 个圆形。在"字幕属性"面板中，展开"变换"、"属性"和"填充"选项，在"填充"选项中设置"颜色"选项为黑色，其他设置如图 9-20 所示。字幕窗口中的效果如图 9-21 所示。用相同的方法制作出"黑色背景"效果，在字幕窗口中的效果如图 9-22所示。

图 9-20

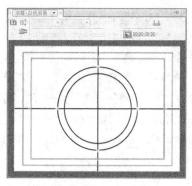

图 9-21

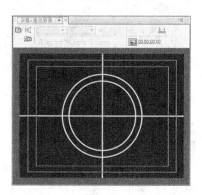

图 9-22

3.　制作倒计时动画

（1）在"项目"面板中选中"白色背景"并将其拖曳到"时间线"窗口中的"视频 1"轨道上，如图 9-23 所示。将时间指示器放置在 01:00s 的位置，在"视频 1"轨道上选中"白色背景"层，将鼠标指针放在"白色背景"的尾部，当鼠标指针呈 ↔ 状时，向前拖曳鼠标到 01:00s 的位置上，如图 9-24 所示。

图 9-23

图 9-24

（2）在"项目"面板中选中"黑色背景"并将其拖曳到"时间线"窗口中的"视频 2"轨道上，如图 9-25 所示，选中"数字 5"并将其拖曳到"时间线"窗口中的"视频 3"轨道上，如图 9-26 所示。选中"黑色背景"和"数字 5"层，将鼠标指针放在该层的尾部，当鼠标指针呈 状时，向前拖曳鼠标到 01:00s 的位置上，如图 9-27 所示。

图 9-25

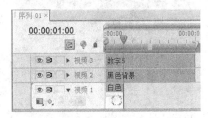

图 9-26

图 9-27

（3）选择"窗口 > 效果"命令，弹出"效果"面板，展开"视频切换"选项，单击"擦除"文件夹前面的三角形按钮 将其展开，选中"时钟式划变"特效，如图 9-28 所示。将"时钟式划变"特

图 9-28

效拖曳到"时间线"窗口中的"视频 2"轨道中的"黑色背景"层上，如图 9-29 所示。在"节目"窗口中预览效果，如图 9-30 所示。

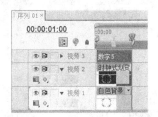

图 9-29

图 9-30

（4）按住<Shift>键，选择"时间线"窗口中的"白色背景"和"黑色背景"层，按<Ctrl>+<C>组合键复制层，然后按<End>键将时间标签移至层的尾部，按<Ctrl>+<V>组合键粘贴层。连续按<Ctrl>+<V>组合键到第 05:00s 结束，如图 9-31 所示。

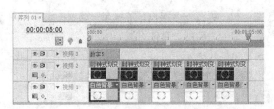

图 9-31

（5）选择"项目"面板中的其他几个数字，依次放置在"时间线"窗口中的"视频 3"轨道中，如图 9-32 所示。

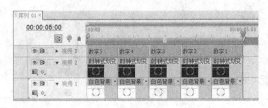

图 9-32

（6）选择"文件 > 导入"命令，弹出"导入"对话框，选择光盘中的"Ch09\制作节目片头包装\素材"目录下的"01"文件，如图9-33所示，单击"打开"按钮，导入视频文件。在"项目"面板中选中"01"文件并将其拖曳到"时间线"窗口中的"视频3"轨道上，如图9-34所示。

图 9-33

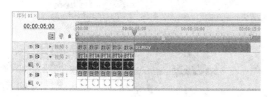

图 9-34

（7）选择"素材 > 速度/持续时间"命令，弹出"素材速度/持续时间"对话框，其各选项的设置如图 9-35 所示，单击"确定"按钮，视频的播放速度变快，同时，"时间线"中的"01"文件缩短到 10:08s 的位置，如图 9-36 所示。将时间指示器放置在 8s 的位置，将鼠标指针放在"01"的尾部，当鼠标指针呈 ⬌ 状时，向前拖曳鼠标到 08:00s 的位置上，如图 9-37 所示。

图 9-35

（8）选择"文件 > 新建 > 字幕"命令，弹出"新

建字幕"对话框，在"名称"文本框中输入"大家看电影"，如图9-38所示，单击"确定"按钮，弹出"字幕"编辑面板。选择"输入"工具 T，在字幕窗口中输入文字"大家看电影 第一期"，在"字幕样式"子面板中单击需要的样式，如图9-39所示。选择"字幕属性"面板，展开"属性"选项并对其进行参数设置，如图9-40所示，字幕窗口中的效果如图9-41所示。

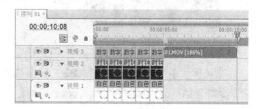

图 9-36

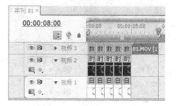

图 9-37

图 9-38

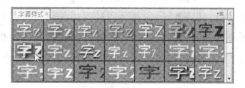

图 9-39

图 9-40

图 9-41

（9）选择"序列 > 添加轨道"命令，弹出"添加视音轨"对话框，如图9-42所示，单击"确定"

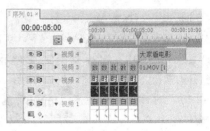

图 9-43

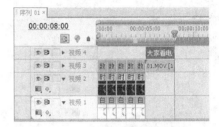

图 9-44

图 9-45

按钮，在"时间线"窗口中添加一个"视频4"轨道。将时间指示器放置在05:00s的位置，在"项目"面板中选中"大家看电影"文件并将其拖曳到"视频4"轨道上，如图9-43所示。将时间指示器放置在08:00s的位置，将鼠标指针放在文件的尾部，当鼠标指针呈⊣状时，向前拖曳鼠标到08:00s的位置上，如图9-44所示。节目片头包装制作完成，如图9-45所示。

9.2 制作自然风光欣赏视频

9.2.1 案例分析

使用"字幕"命令添加并编辑文字；使用"透明度"命令制作文件的叠加效果；使用"交叉叠化"命令制作视频之间的转场效果。

9.2.2 案例设计

本案例设计流程如图9-46所示。

图 9-46

9.2.3　案例制作

1. 添加项目文件

（1）启动 Premiere Pro CS5 软件，弹出"欢迎使用 Adobe Premiere Pro"界面，单击"新建项目"按钮　，弹出"新建项目"对话框，设置"位置"选项，选择保存文件的路径，在"名称"文本框中输入文件名"自然风光欣赏"，如图 9-47 所示，单击"确定"按钮，弹出"新建序列"对话框，在左侧的列表中展开"DV-PAL"选项，选中"标准 48kHz"模式，如图 9-48 所示，单击"确定"按钮。

图 9-47

图 9-48

（2）选择"文件 > 导入"命令，弹出"导入"对话框，选择光盘中的"Ch09\制作自然风光欣赏\素材"目录下的"01"、"02"、"03"和"04"文件，单击"打开"按钮，导入视频文件，如图 9-49 所示。导入后的文件排列在"项目"面板中，如

图 9-50 所示。

图 9-49

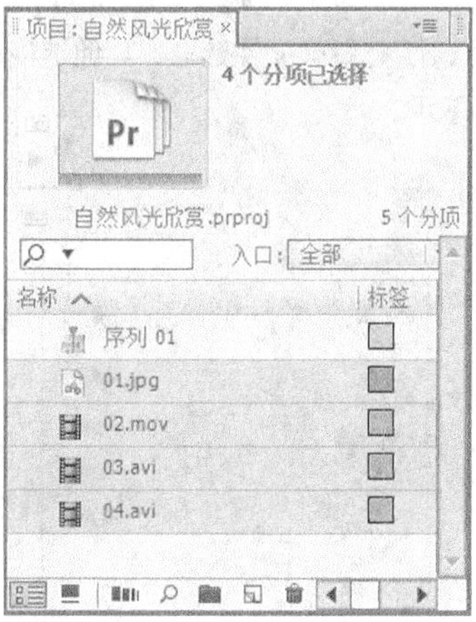

图 9-50

（3）选择"文件 > 新建 > 字幕"命令，弹出"新建字幕"对话框，在"名称"文本框中输入"自然风光欣赏"，如图 9-51 所示，单击"确定"按钮，弹出"字幕"编辑面板。选择"输入"工具　，在字幕窗口中输入文字"欣赏 自然风光"，单击"字幕属性栏"中的"居中"按钮　，使文字居中对齐，效果如图 9-52 所示。

图 9-51

图 9-52

（4）选择"字幕属性"面板，展开"属性"选项，选取文字"欣赏"，将"字体大小"选项参数值设为 79，选取文字"自然风光"，将"字体大小"选项设为 63，将所有文字选取，其他选项的设置如图 9-53 所示。

图 9-53

（5）展开"填充"选项，将色彩选项设为蓝色（其 R、G、B 的值分别为 25、133、202）。展开"描边"选项，单击"外侧边"右侧的"添加"属性添加描边，将"颜色"选项设为白色，其他选项的设置如图 9-54 所示。在字幕窗口中的效果如图 9-55 所示。

图 9-54

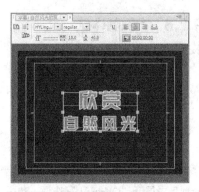

图 9-55

2. 制作文件的透明叠加效果

（1）在"项目"面板中选中"02"文件并将其拖曳到"时间线"窗口中的"视频 2"轨道上，如图 9-56 所示。将时间指示器放置在 01:21s 的位置，将"项目"面板中的"01"文件拖曳到"时间线"窗口中的"视频 1"轨道中，如图 9-57 所示。

图 9-56

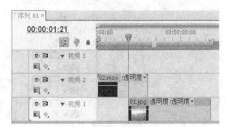

图 9-57

（2）将时间指示器放置在 05:21s 的位置，将鼠标指针放在"01"文件的尾部，当鼠标指针呈↔状时，向前拖曳鼠标到 05:21s 的位置上，如图 9-58 所示。将时间指示器放置在 1:21s 的位置，选择"特效控制台"面板，展开"透明度"选项，将"透明度"选项设为 50.0%，如图 9-59 所示。在"节目"窗口中预览效果，如图 9-60 所示。

（3）将时间指示器放置在 05:21s 的位置，在"特效控制台"面板中展开"透明度"选项，将"透明度"选项设为 100.0%，如图 9-61 所示，"时间线"窗口如图 9-62 所示。

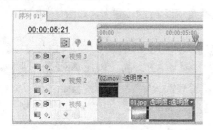

图 9-58

图 9-59

图 9-60

图 9-61

（4）将时间指示器放置在 02:16s 的位置，将"项目"面板中的"自然风光欣赏"文件拖曳到"时间线"

窗口中的"视频 3"轨道中，如图 9-63 所示。将时间指示器放置在 04:20s 的位置，将鼠标指针放在"自然风光欣赏"文件的尾部，当鼠标指针呈┿状时，向前拖曳鼠标到 04:20s 的位置上，如图 9-64 所示。

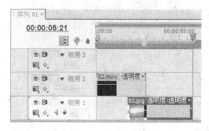

图 9-62

图 9-63

图 9-64

（5）在"时间线"窗口中选取"自然风光欣赏"文件。将时间指示器放置在 02:16s 的位置，在"特效控制台"面板中展开"透明度"选项，将"透明度"选项设为 0.0%，如图 9-65 所示。在"节目"窗口中预览效果，如图 9-66 所示。

图 9-65

图 9-66

（6）将时间指示器放置在 03:05s 的位置，在"特效控制台"面板中展开"透明度"选项，将"透明度"选项设为 84.6%，如图 9-67 所示。在"节目"窗口中预览效果，如图 9-68 所示。

图 9-67

图 9-68

3. 制作图像的叠加效果

（1）将时间指示器放置在 04:20s 的位置，将"项目"面板中的"03"文件拖曳到"时间线"窗口中的"视频 3"轨道中，如图 9-69 所示。将时间指示器放置在 08:22s 的位置，将鼠标指针放在

"03"文件的尾部，当鼠标指针呈 ↔ 状时，向前拖曳鼠标到 08:22s 的位置上，如图 9-70 所示。

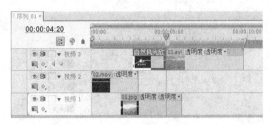

图 9-69

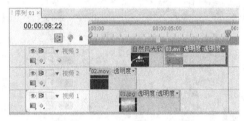

图 9-70

（2）将"项目"面板中的"04"文件拖曳到"时间线"窗口中的"视频 3"轨道中，如图 9-71 所示。

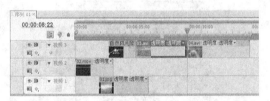

图 9-71

（3）选择"窗口 > 效果"命令，弹出"效果"面板，展开"视频切换"特效分类选项，单击"叠化"文件夹前面的三角形按钮 ▶ 将其展开，选中"交叉叠化"特效，如图 9-72 所示。将"交叉叠化"特效拖曳到"时间线"窗口中的"03"文件开始位置，如图 9-73 所示。

图 9-72

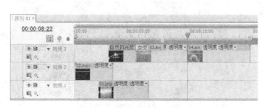

图 9-73

（4）再将"交叉叠化"特效拖曳到"时间线"窗口中的"04"文件的开始位置，如图 9-74 所示。自然风光欣赏制作完成，效果如图 9-75 所示。

图 9-74

图 9-75

9.3 制作栏目包装

9.3.1 案例分析

使用"字幕"命令添加并编辑文字；使用"特效控制台"面板编辑图像的位置、缩放比例和透明度制作动画效果。

9.3.2 案例设计

本案例设计流程如图 9-76 所示。

导入制作背景　　　　添加并编辑文字　　　　最终效果

插入并制作动画

图 9-76

9.3.3 案例制作

1. 添加项目文件

（1）启动 Premiere Pro CS5 软件，弹出"欢迎使用 Adobe Premiere Pro"界面，单击"新建项目"按钮，弹出"新建项目"对话框，设置"位置"选项，选择保存文件的路径，在"名称"文本框中输入文件名"制作栏目包装"，如图 9-77 所示，单击"确定"按钮，弹出"新建序列"对话框，在左侧的列表中展开"DV-PAL"选项，选中"标准 48kHz"模式，如图 9-78 所示，单击"确定"按钮。

图 9-77

图 9-78

（2）选择"文件 > 导入"命令，弹出"导入"对话框，选择光盘中的"Ch09\制作栏目包装\素材"目录下的"01"、"02"、"03"和"04"文件，单击"打开"按钮，导入视频文件，如图 9-79 所示。导入后的文件排列在"项目"面板中，如图 9-80 所示。

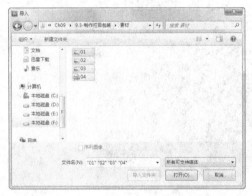

图 9-79

图 9-80

（3）选择"文件 > 新建 > 字幕"命令，弹出"新建字幕"对话框，如图 9-81 所示，单击"确定"按钮，弹出"字幕"编辑面板。选择"输入"工具 T，在字幕窗口中输入文字"音乐之声"，在"字幕样式"子面板中单击需要的样式，在"字幕属性"面板中进行设置，在字幕窗口中的效果如图 9-82 所示。

图 9-81

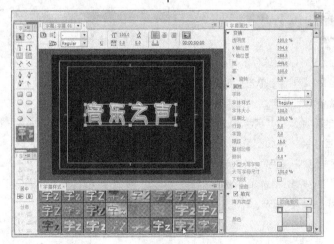

图 9-82

2．制作图像动画

（1）在"项目"面板中选中"04"文件并将其拖曳到"时间线"窗口中的"视频1"轨道中，如图9-83所示。将时间指示器放置在05:00s的位置，将鼠标指针放在"04"文件的尾部，当鼠标指针呈↔状时，向前拖曳鼠标到05:00s的位置上，如图9-84所示。

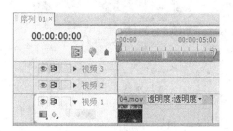

图 9-83

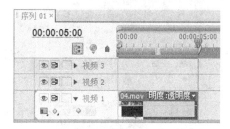

图 9-84

（2）将时间指示器放置在00:00s的位置，在"项目"面板中选中"01"文件并将其拖曳到"时间线"窗口中的"视频2"轨道中，如图9-85所示。

图 9-85

（3）在"时间线"窗口中选取"01"文件。选择"特效控制台"面板，展开"运动"选项，取消勾选"等比缩放"复选框，将"缩放高度"选项设为88.0，"缩放宽度"选项设为110.7，如图9-86所示。在"节目"窗口中预览效果，如图9-87所示。

（4）在"项目"面板中选中"02"文件并将其拖曳到"时间线"窗口中的"视频3"轨道中，如图9-88所示。在"时间线"窗口中选取"02"文件。在"特效控制台"面板中展开"运动"选项，

取消勾选"等比缩放"复选框，将"位置"选项设为182.0和288.0，"缩放高度"选项设为88.0，"缩放宽度"选项设为105.6，如图9-89所示。在"节目"窗口中预览效果，如图9-90所示。

图 9-86

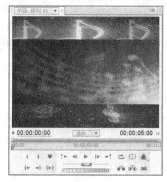

图 9-87

图 9-88

图 9-89

图 9-90

（5）将时间指示器放置在 00:21s 的位置，在"特效控制台"面板中单击"位置"选项左侧的"切换动画"按钮，如图9-91所示，记录第1个动画关键帧。展开"透明度"选项，单击右侧的"添加/删除关键帧"按钮，如图9-92所示，记录第1个关键帧。将时间指示器放置在 03:05s 的位置。在"特效控制台"面板中将"位置"选项设为-180.0 和 288.0，"透明度"选项设为 0.0%，记录第2个动画关键帧，如图9-93所示。

图 9-91

图 9-92

（6）选择"序列 > 添加轨道"命令，弹出"添加视音轨"对话框，各选项的设置如图9-94所示，单击"确定"按钮，在"时间线"窗口中添加2条视频轨道，如图9-95所示。

图 9-93

图 9-94

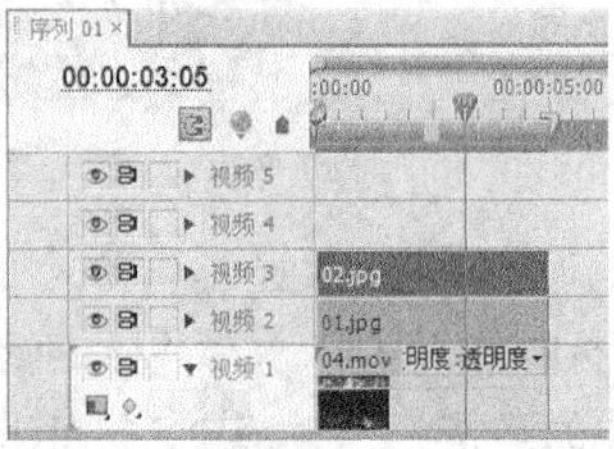

图 9-95

（7）在"项目"面板中选中"03"文件并将其拖曳到"时间线"窗口中的"视频 4"轨道中，如图9-96所示。在"时间线"窗口中选取"03"文件。在"特效控制台"面板中展开"运动"选项，取消勾选"等比缩放"复选框，将"位置"选项设为 542.9 和 288.0，"缩放高度"选项设为 88.0，"缩放宽度"选项设为 114.7，如图9-97所示。在"节目"窗口中预览效果，如图9-98所示。

（8）将时间指示器放置在 00:21s 的位置，在"特效控制台"面板中单击"位置"选项左侧的"切换动画"按钮，如图9-99所示，记录第1个动画关键帧。展开"透明度"选项，单击其右侧的"添加/删除关键帧"按钮，如图9-100所示，记录第1个关键帧。将时间指示器放置在 03:05s 的位置。在"特效控制台"面板中将"位置"选项设为 902.9 和 288.0，"透明度"选项设为 0.0%，记录第 2 个动画关键帧，如图 9-101 所示。

图 9-96

图 9-97

图 9-98

图 9-99

（9）将"项目"面板中的"字幕 01"文件拖曳到"时间线"窗口中的"视频 5"轨道中，如图 9-102 所示。

图 9-100

图 9-101

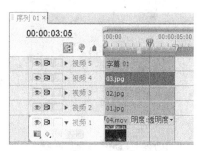

图 9-102

（10）在"时间线"窗口中选取"字幕 01"文件，将时间指示器置在 01:21s 的位置。在"特效控制台"面板中展开"运动"选项，将"位置"选项设为 360.0 和 371.0，"缩放比例"选项设为 0.0。展开"透明度"选项，将"透明度"选项设为 0.0%，如图 9-103 所示。单击"位置"和"缩放比例"选项左侧的"切换动画"按钮，如图 9-104 所示，记录第 1 个动画关键帧。

（11）将时间指示器置在 03:13s 的位置。在"特效控制台"面板中将"位置"选项设为 360 和 295.0，"缩放比例"选项设为 100.0，"透明度"选项设为 100.0%，记录第 2 个动画关键帧，如图 9-105 所示。栏目包装制作完成，效果如图 9-106 所示。

图 9-103

图 9-104

图 9-105

图 9-106

9.4 课堂练习
——制作壮丽山河片头

⊕ 练习知识要点

使用"字幕"命令添加并编辑文字和矩形；使用"特

效控制台"面板编辑视频的透明度来制作动画效果；使用不同的转场命令制作视频之间的转场效果；使用"镜头光晕"特效为 04 视频添加镜头光晕效果，并制作光晕的动画效果。壮丽山河片头效果如图 9-107 所示。

图 9-107

⊕ 效果所在位置

光盘/Ch09/制作壮丽山河片头.prproj。

9.5 课后习题
——制作动物栏目片头

⊕ 习题知识要点

使用"字幕"命令添加并编辑文字；使用"特效控制台"面板编辑视频的缩放比例和透明度来制作动画效果；使用不同的转场命令制作视频之间的转场效果；使用"亮度与对比度"特效调整 04 视频的亮度与对比度；使用"四色渐变"特效为 06 视频添加四色渐变效果。动物栏目片头效果如图 9-108 所示。

图 9-108

⊕ 效果所在位置

光盘/Ch09/制作动物栏目片头. prproj。

10 Chapter

第 10 章
制作电子相册

电子相册用于描述美丽的风景、展现亲密的友情和记录精彩的瞬间，它具有随意修改、快速检索、恒久保存以及快速分发等传统相册无法比拟的优越性。本章以多个主题的电子相册为例，讲解电子相册的构思方法和制作技巧，读者通过学习可以掌握电子相册的制作要点，从而设计制作出精美的电子相册。

课堂学习目标

- 了解电子相册的构成元素
- 掌握电子相册的设计思路
- 掌握电子相册的制作方法

10.1 制作旅行相册

10.1.1　案例分析

使用"字幕"命令添加相册文字；使用"镜头光晕"特效制作背景的光照效果；使用"特效控制台"面板制作文字的透明度动画。使用"效果"面板添加照片之间的切换特效。

10.1.2　案例设计

本案例设计流程如图 10-1 所示。

图 10-1

10.1.3　案例制作

1. 添加项目图像

（1）启动 Premiere Pro CS5 软件，弹出"欢迎使用 Adobe Premiere Pro"界面，单击"新建项目"按钮 📄，弹出"新建项目"对话框，设置"位置"选项，选择保存文件的路径，在"名称"文本框中输入文件名"制作旅行相册"，如图 10-2 所示，单击"确定"按钮，弹出"新建序列"对话框，在左侧的列表中展开"DV-PAL"选项，选中"标准 48kHz"模式，如图 10-3 所示，单击"确定"按钮。

图 10-2

图 10-3

（2）选择"文件 > 导入"命令，弹出"导入"对话框，选择光盘中的"Ch10\制作旅行相册\素材"目录下的"01~10"文件，单击"打开"按钮，导入视频文件，如图 10-4 所示。导入后的文件排列在"项目"面板中，如图 10-5 所示。

图 10-4

图 10-5

（3）选择"文件 > 新建 > 字幕"命令，弹出"新建字幕"对话框，在"名称"文本框中输入"我的旅行相册"，如图 10-6 所示，单击"确定"按钮，弹出"字幕"编辑面板，如图 10-7 所示。

（4）选择"输入"工具 🔲，在字幕窗口中输入文字"我的旅行相册"。选择"字幕属性"面板,展开"属性"选项,设置如图 10-8 所示。展开"填充"选项,将"颜色"选项设为蓝色(其 R、G、B 的值分别为 7、84、144)。展开"阴影"选项,将"颜色"选项设置为白色,其他选项的设置如图 10-9 所示。在字幕窗口中的效果如图 10-10 所示。

图 10-6

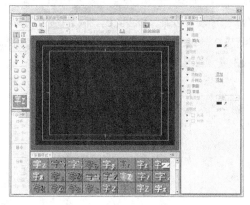

图 10-7

图 10-8　　　　　图 10-9

图 10-10

2．制作图像背景并添加相册文字

(1)在"项目"面板中选中"01"文件并将其拖曳到"时间线"窗口中的"视频 1"轨道上,如图 10-11 所示。在"时间线"窗口中选取"01"文件。选择"特效控制台"面板,展开"运动"选项,将"位置"选项设为 398.4 和 286.0,如图 10-12 所示。在"节目"窗口中预览效果,如图 10-13 所示。

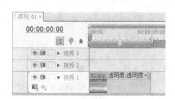

图 10-11

图 10-12

图 10-13

(2)选择"窗口 > 效果"命令,弹出"效果"面板,展开"视频特效"分类选项,单击"生成"文件夹前面的三角形按钮 ▶ 将其展开,选中"镜头光晕"特效,如图 10-14 所示。将其拖曳到"时间线"窗口中的"01"文件上,如图 10-15 所示。

(3)选择"特效控制台"面板,展开"镜头光晕"特效并对其进行参数设置,如图 10-16 所示。在"节目"窗口中预览效果,如图 10-17 所示。

(4)将时间指示器放置在 02:04s 的位置,在

"视频1"轨道上选中"01"文件，将鼠标指针放在"01"文件的尾部，当鼠标指针呈 ✛ 状时，向前拖曳鼠标到 2:04s 的位置上，如图 10-18 所示。在"项目"面板中选中"02"文件并将其拖曳到"时间线"窗口中的"视频 2"轨道上，如图 10-19 所示。

图 10-14

图 10-15

图 10-18

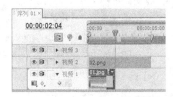

图 10-19

（5）在"时间线"窗口中选取"02"文件。选择"特效控制台"面板，展开"运动"选项，将"位置"选项设为 360.0 和 244.0，"缩放比例"选项设为 70.0，如图 10-20 所示。在"节目"窗口中预览效果，如图 10-21 所示。

图 10-16

图 10-20

图 10-21

（6）在"视频 2"轨道上选中"02"文件，将鼠标指针放在"02"文件的尾部，当鼠标指针呈 ✛ 状时，向前拖曳鼠标到 02:04s 的位置上，如图 10-22 所示。选择"效果"面板，展开"视频切换"分类选项，单击

图 10-17

"擦除"文件夹前面的三角形按钮 ▶ 将其展开,选中"擦除"特效,如图 10-23 所示。将其拖曳到"时间线"窗口中的"02"文件的开始位置,如图 10-24 所示。

图 10-22　　　　图 10-23

图 10-24

(7)在"项目"面板中选中"我的旅行相册"文件并将其拖曳到"时间线"窗口中的"视频 3"轨道上,如图 10-25 所示。在"视频 3"轨道上选中"我的旅行相册"文件,将鼠标指针放在文件的尾部,当鼠标指针呈 ↔ 状时,向前拖曳鼠标到 02:04s 的位置上,如图 10-26 所示。

图 10-25

图 10-26

(8)在"时间线"窗口中选取"我的旅行相册"文件。将时间指示器放置在 00:00s 的位置,选择"特效控制台"面板,展开"透明度"选项,将"透明

度"选项设为 0.0%,记录第 1 个关键帧,如图 10-27 所示。将时间指示器放置在 00:18s 的位置,将"透明度"选项设为 100.0%,记录第 2 个关键帧,如图 10-28 所示。

图 10-27

图 10-28

3. 添加图像的过渡和相框

(1)选择"序列 > 添加轨道"命令,弹出"添加视音轨"对话框,设置如图 10-29 所示,单击"确定"按钮,在"时间线"窗口中添加 2 条视频轨道,如图 10-30 所示。将时间指示器放置在 02:04s 的位置,在"项目"面板中选中"03"文件并将其拖曳到"视频 4"轨道上,如图 10-31 所示。

图 10-29

图 10-30

图 10-31

（2）将时间指示器放置在 04:04s 的位置，将鼠标指针放在层的尾部，当鼠标指针呈 ⊹ 状时，向前拖曳鼠标到 04:04s 的位置上，如图 10-32 所示。选择"特效控制台"面板，展开"运动"选项，将"缩放比例"选项设为 70.0，如图 10-33 所示。

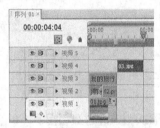

图 10-32

图 10-33

（3）选择"效果"面板，展开"视频切换"分类选项，单击"叠化"文件夹前面的三角形按钮 ▶ 将其展开，选中"白场过渡"特效，如图 10-34 所示。将其拖曳到"时间线"窗口中的"03"文件的开始位置，如图 10-35 所示。

图 10-34

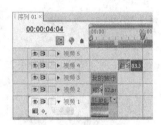

图 10-35

（4）选取"白场过渡"特效，在"特效控制台"面板中将"持续时间"选项设为 00:10，如图 10-36 所示。用相同的方法在"时间线"窗口中添加其他文件和适当的过渡特效，如图 10-37 所示。

图 10-36

图 10-37

（5）在"项目"面板中选中"10"文件并将其拖曳到"视频 5"轨道上，如图 10-38 所示。将鼠标指针放在层的尾部，当鼠标指针呈 ⊹ 状时，向后拖曳鼠标到 16:04s 的位置上，如图 10-39 所示。旅行相册制作完成，效果如图 10-40 所示。

图 10-38

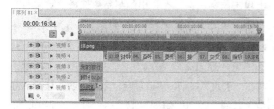

图 10-39

图 10-40

10.2 制作自然风光相册

10.2.1 案例分析

使用"字幕"命令添加相册主题文字；使用"彩色蒙版"命令和"边缘粗糙"特效制作相框效果；使用"特效控制台"面板制作文字的位置和透明度动画。使用"效果"面板添加照片之间的切换特效。

10.2.2 案例设计

本案例设计流程如图 10-41 所示。

图 10-41

10.2.3 案例制作

1. 添加项目文件

（1）启动 Premiere Pro CS5 软件，弹出"欢迎使用 Adobe Premiere Pro"界面，单击"新建项目"按钮 ，弹出"新建项目"对话框，设置"位置"选项，选择保存文件的路径，在"名称"文本框中输入文件名"制作自然风光相册"，如图 10-42 所示，单击"确定"按钮，弹出"新建序列"对话框，在左侧的列表中展开"DV-PAL"选项，选中"标准 48kHz"模式，如图 10-43 所示，单击"确定"按钮。

图 10-42

图 10-43

（2）选择"文件 > 导入"命令，弹出"导入"对话框，选择光盘中的"Ch10\制作自然风光相册\素材"目录下的"01~10"文件，单击"打开"按钮，导入视频文件，如图 10-44 所示。导入后的文件排列在"项目"面板中，如图 10-45 所示。

图 10-44

图 10-45

（3）选择"文件 > 新建 > 彩色蒙版"命令，弹出"新建彩色蒙版"对话框，选项的设置如图 10-46 所示，单击"确定"按钮，弹出"颜色拾取"对话框。在对话框中设置蒙版颜色的 R、G、B 值分别为 247、177、86，如图 10-47 所示，单击"确定"按钮。弹出"选择名称"对话框，其设置如图 10-48 所示，单击"确定"按钮。在"项目"面板中添加蒙版文件。

图 10-46

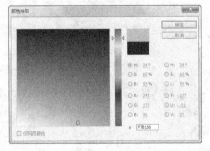

图 10-47

图 10-48

（4）在"项目"面板中选取"橙色"文件，按 <Ctrl>+<C>组合键，复制文件，按<Ctrl>+<V>组合键，粘贴文件，如图 10-49 所示。在复制的文件上单击鼠标右键，在弹出的菜单中选择"重命名"命令，将其命名为"粉色"，如图 10-50 所示。再双击文件，弹出"颜色拾取"对话框，设置 R、G、B 的值分别为 230、97、246，如图 10-51 所示，单击"确定"按钮，更改颜色。用相同的方法添加红色（其 R、G、B 的值分别为 234、118、129）、绿色（其 R、G、B 的值分别为 138、213、97）、蓝色（其 R、G、B 的值分别为 88、186、231）、黄色（其 R、G、B 的值分别为 227、225、64）文件。

图 10-49　　　　　图 10-50

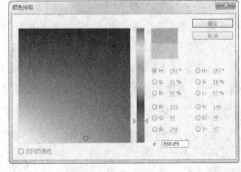

图 10-51

（5）选择"文件 > 新建 > 字幕"命令，弹出"新建字幕"对话框，在"名称"文本框中输入"美丽的田野"，如图 10-52 所示，单击"确定"按钮，弹出字幕编辑面板。选择"输入"工具 T，在字幕窗口中输入

文字"美丽的田野",在"字幕样式"子面板中单击需
要的样式,字幕窗口中的效果如图 10-53 所示。

图 10-52

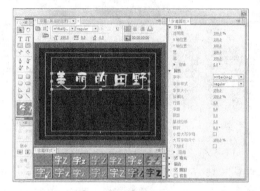

图 10-53

2. 制作文件的透明叠加效果

(1)在"项目"面板中选中"01"文件并将其
拖曳到"时间线"窗口中的"视频 1"轨道上,如
图 10-54 所示。在"时间线"窗口中选取"01"文
件。选择"特效控制台"面板,展开"运动"选项,
将"位置"选项设为 358.2 和 286.0,"缩放比例"
选项设为 75.0,如图 10-55 所示。在"节目"窗
口中预览效果,如图 10-56 所示。

图 10-54

图 10-55

图 10-56

(2)将时间指示器放置在 04:05s 的位置,将鼠标
指针放在"01"文件的尾部,当鼠标指针呈 ↔ 状时,
向前拖曳鼠标到 04:05s 的位置上,如图 10-57 所示。
在"项目"面板中选中"04"文件并将其拖曳到"时
间线"窗口中的"视频 1"轨道上,如图 10-58 所示。

图 10-57

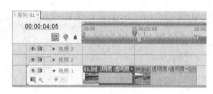

图 10-58

(3)在"时间线"窗口中选取"04"文件。选择
"特效控制台"面板,展开"运动"选项,将"缩放比
例"选项设为 74.5,如图 10-59 所示。在"节目"
窗口中预览效果,如图 10-60 所示。将时间指示器放
置在 07:05s 的位置,在"时间线"窗口中将鼠标指针
放在"04"文件的尾部,当鼠标指针呈 ↔ 状时,向前
拖曳鼠标到 07:05s 的位置上,如图 10-61 所示。

图 10-59

图 10-60

图 10-61

（4）选择"窗口 > 效果"命令，弹出"效果"面板，展开"视频切换"分类选项，单击"叠化"文件夹前面的三角形按钮 ▶ 将其展开，选中"白场过渡"特效，如图 10-62 所示。将其拖曳到"时间线"窗口中的"01"文件的结尾处与"04"文件的开始位置，如图 10-63 所示。

图 10-62

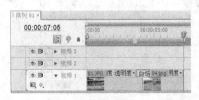

图 10-63

（5）选取"白场过渡"特效，在"特效控制台"面板中将"持续时间"选项设为 10s，如图 10-64 所示。用相同的方法在"时间线"窗口中添加其他

文件和适当的过渡切换，如图 10-65 所示。

图 10-64

图 10-65

（6）在"项目"面板中选中"02"文件并将其拖曳到"时间线"窗口中的"视频 2"轨道上，如图 10-66 所示。将时间指示器放置在 04:00s 的位置，在"时间线"窗口中将鼠标指针放在"02"文件的尾部，当鼠标指针呈 状时，向前拖曳鼠标到 04:00s 的位置上，如图 10-67 所示。

图 10-66

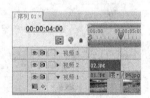

图 10-67

（7）选择"特效控制台"面板，展开"运动"选项，将"位置"选项设为-84.1 和 706.0，"缩放比例"选项设为 26.0，如图 10-68 所示。将时间指示器放置在 01:15s 的位置，单击"位置"和"旋转"选项前面的切换动画按钮 ，如图 10-69 所示，记录第 1 个动画关键帧。将时间指示器放置在 2:21s 的位置，将"位置"选项设为 546.4 和 408.0，"旋转"选项设

为 19.8，记录第 2 个关键帧，如图 10-70 所示。

图 10-68

图 10-69

图 10-70

（8）在"项目"面板中选中"黄色"文件并将其拖曳到"时间线"窗口中的"视频 2"轨道上，如图 10-71 所示。将时间指示器放置在 07:05s 的位置，在"时间线"窗口中将鼠标指针放在"黄色"文件的尾部，当鼠标指针呈 ✛ 状时，向前拖曳鼠标到 07:05s 的位置上，如图 10-72 所示。

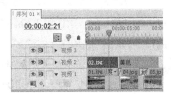

图 10-71

图 10-72

（9）在"效果"面板中展开"视频特效"分类选项，单击"风格化"文件夹前面的三角形按钮 ▶ 将其展开，选中"边缘粗糙"特效，如图 10-73 所示。将其拖曳到"时间线"窗口中的"黄色"文件上。在"特效控制台"面板中展开"边缘粗糙"特效，选项的设置如图 10-74 所示。在"节目"窗口中预览效果，如图 10-75 所示。用相同的方法在"时间线"窗口中添加其他文件和适当的过渡切换，如图 10-76 所示。

图 10-73

图 10-74

图 10-75

图 10-76

（10）将"项目"面板中的"美丽的田野"文件拖曳到"时间线"窗口中的"视频 3"轨道中，如图 10-77 所示。将时间指示器放置在 04:00s 的位置，将鼠标指针放在"美丽的田野"文件的尾部，当鼠标指针呈 状时，向前拖曳鼠标到 04:00s 的位置上，如图 10-78 所示。

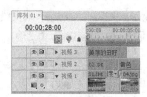

图 10-77

图 10-78

（11）将时间指示器放置在 0s 的位置。选择"特效控制台"面板，展开"运动"选项，将"位置"选项设为 360.0 和 26.0，单击"位置"选项前面的"切换动画"按钮 ，记录第 1 个动画关键帧，如图 10-79 所示。将时间指示器放置在 01:02s 的位置，将"位置"选项设为 360.0 和 280.0，记录第 2 个关键帧，如图 10-80 所示。在"节目"窗口中预览效果，如图 10-81 所示。

图 10-79

图 10-80

图 10-81

（12）选择"序列 > 添加轨道"命令，弹出"添加视音轨"对话框，选项的设置如图 10-82 所示，单击"确定"按钮，在"时间线"窗口中添加 1 条视频轨道。

图 10-82

（13）将"项目"面板中的"03"文件拖曳到"时间线"窗口中的"视频 4"轨道中，如图 10-83 所示。将时间指示器放置在 04:00s 的位置，将鼠标指针放在"03"文件的尾部，当鼠标指针呈 状时，向前拖曳鼠标到 04:00s 的位置上，如图 10-84 所示。

（14）选择"特效控制台"面板，展开"运动"

选项，将"位置"选项设为-153.5 和 630.0，"缩放比例"选项设为 24.5，如图 10-85 所示。将时间指示器放置在 01:15s 的位置，单击"位置"和"旋转"选项前面的切换动画按钮🎞，如图 10-86 所示，记录第 1 个动画关键帧。将时间指示器放置在 02:21s 的位置，将"位置"选项设为 339.9 和 440.0，"旋转"选项设为 10.2°，记录第 2 个关键帧，如图 10-87 所示。自然风光相册制作完成，效果如图 10-88 所示。

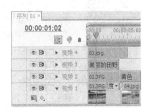

图 10-83

图 10-84

图 10-85

图 10-86

图 10-87

图 10-88

10.3 制作城市夜景相册

10.3.1　案例分析

使用"字幕"命令添加相册主题文字；使用"特效控制台"面板制作文字与图像的位置和透明度动画。使用"效果"面板添加照片之间的切换特效。

10.3.2　案例设计

本案例设计流程如图 10-89 所示。

导入制作背景　　添加转场特效　　最终效果

添加并编辑文字

图 10-89

10.3.3　案例制作

1. 添加项目文件

（1）启动 Premiere Pro CS4 软件，弹出"欢迎使用 Adobe Premiere Pro"界面，单击"新建项目"

按钮 📷，弹出"新建项目"对话框，设置"位置"选项，选择保存文件的路径，在"名称"文本框中输入文件名"制作城市夜景相册"，如图 10-90 所示，单击"确定"按钮，弹出"新建序列"对话框，在左侧的列表中展开"DV-PAL"选项，选中"标准 48kHz"模式，如图 10-91 所示，单击"确定"按钮。

图 10-90

图 10-91

（2）选择"文件 > 导入"命令，弹出"导入"对话框，选择光盘中的"Ch10\制作城市夜景相册\素材"目录下的"01~12"文件，单击"打开"按钮，导入文件，如图 10-92 所示。导入后的文件排列在"项目"面板中，如图 10-93 所示。

（3）选择"文件 > 新建 > 字幕"命令，弹出"新建字幕"对话框，各选项的设置如图 10-94 所示，单击"确定"按钮，弹出"字幕"编辑面板。选择"输入"工具 **T**，在字幕窗口中输入文字"都市夜景"，在"字幕样式"子面板中选择需要的样式，

字幕窗口中的效果如图 10-95 所示。

图 10-92

图 10-93

图 10-94

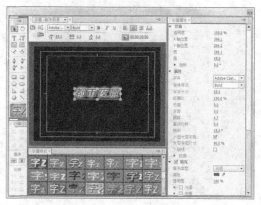

图 10-95

（4）选择"字幕属性"面板，展开"属性"选项，设置如图 10-96 所示。在字幕窗口中的效果如图 10-97 所示。

图 10-96

图 10-97

2. 制作图像动画

（1）在"项目"面板中选中"11"文件并将其拖曳到"时间线"窗口中的"视频 1"轨道中，如图 10-98 所示。将时间指示器放置在 30:02s 的位置，将鼠标指针放在"11"文件的尾部，当鼠标指针呈 状时，向后拖曳鼠标到 30:02s 的位置上，如图 10-99 所示。

图 10-98

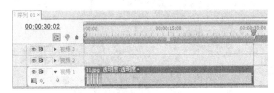

图 10-99

（2）将时间指示器放置在 29:05s 的位置，选择

"特效控制台"面板，展开"透明度"选项，单击选项右侧的"添加/移除关键帧"按钮，记录第 1 个关键帧，如图 10-100 所示。将时间指示器放置在30:02s 的位置，设置如图 10-101 所示，记录第 2 个关键帧。

图 10-100

图 10-101

（3）将时间指示器放置在 00:02s 的位置，在"项目"面板中选中"01"文件并将其拖曳到"时间线"窗口中的"视频 2"轨道中，如图 10-102 所示。在"时间线"窗口中选取"01"文件。在"特效控制台"面板中展开"透明度"选项，将"透明度"选项设为 40.0%，如图 10-103 所示。在"节目"窗口中预览效果，如图 10-104 所示。

图 10-102

图 10-103

图 10-104

（4）锁定"视频 1"轨道，在"时间线"窗口中选取"01"文件，按<Ctrl>+<C>组合键，复制文件。将时间指示器放置在 6:02s 的位置，连续按 4 次<Ctrl>+<V>组合键，粘贴 4 个文件，取消"视频 1"轨道的锁定，如图 10-105 所示。选取最后粘贴的"01"文件，将时间指示器放置在 24:02s 的位置。在"特效控制台"面板中展开"透明度"选项，将"透明度"选项设为 100.0%，如图 10-106 所示，记录第 1 个动画关键帧。

图 10-105

图 10-106

（5）将时间指示器放置在 29:02s 的位置，单击选项右侧的"添加/移除关键帧"按钮◎，记录第 2 个动画关键帧，如图 10-107 所示。将时间指示器放置在 30:02s 的位置，将"透明度"选项设为 0.0%，记录第 3 个动画关键帧，如图 10-108 所示。

（6）选择"窗口 > 效果"命令，弹出"效果"面板，展开"视频切换"分类选项，单击"叠化"文件夹前面的三角形按钮▶将其展开，选中"交叉叠

化"特效，如图 10-109 所示。将其拖曳到"时间线"窗口中的第 1 个"01"文件的结尾处与第 2 个"01"文件的开始位置，如图 10-110 所示。用相同的方法再将其添加到第 2 个"01"文件的结尾处与第 3 个"01"文件的开始位置，如图 10-111 所示。

图 10-107

图 10-108

图 10-109

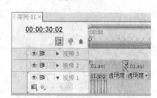

图 10-110

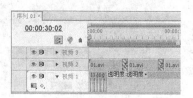

图 10-111

（7）将时间指示器放置在 03:00s 的位置，在"项目"面板中选中"02"文件并将其拖曳到"时间线"窗口中的"视频 3"轨道中，如图 10-112 所示。在"特效控制台"面板中展开"运动"选项，将"位置"选项设为 281.5 和 288.0，取消勾选"等比缩放"复选框，将"缩放高度"选项设为 59.0，"缩放宽度"选项设为 57.0，如图 10-113 所示，在"节目"窗口中预览效果，如图 10-114 所示。

图 10-112

图 10-113

图 10-114

（8）将时间指示器放置在 06:00s 的位置，将鼠标指针放在"02"文件的尾部，当鼠标指针呈 ╬ 状时，向前拖曳鼠标到 06:00s 的位置上，如图 10-115 所示。在"效果"面板中展开"视频切换"分类选项，单击"叠化"文件夹前面的三角形按钮 ▶ 将其展开，选中"交叉叠化"特效，如图 10-116 所示。将其拖曳到"时间线"窗口中的"02"文件的开始位置，如图 10-117 所示。

图 10-115

图 10-116

图 10-117

（9）在"项目"面板中选中"03"文件并将其拖曳到"时间线"窗口中的"视频 3"轨道中，如图 10-118 所示。在"特效控制台"面板中展开"运动"选项，将"位置"选项设为 285.6 和 298.6，取消勾选"等比缩放"复选框，将"缩放高度"选项设为 60.6，"缩放宽度"选项设为 56.6，如图 10-119 所示，在"节目"窗口中预览效果，如图 10-120 所示。

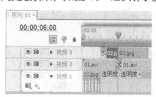

图 10-118

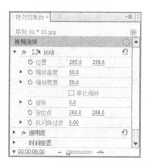

图 10-119

图 10-120

（10）将时间指示器放置在 09:02s 的位置，将鼠标指针放在"03"文件的尾部，当鼠标指针呈 ✛ 状时，向前拖曳鼠标到09:02s的位置上，如图 10-121 所示。在"效果"面板中展开"视频切换"分类选项，单击"擦除"文件夹前面的三角形按钮 ▶ 将其展开，选中"百叶窗"特效，如图 10-122 所示。将其拖曳到"时间线"窗口中的"02"文件的结尾处与"03"文件的开始位置，如图 10-123 所示。用相同的方法在"时间线"窗口中添加其他文件和适当的过渡切换效果，如图 10-124 所示。

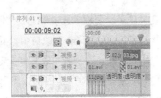

图 10-121

图 10-122

图 10-123

图 10-124

（11）选择"序列 > 添加轨道"命令，弹出"添加视音轨"对话框，选项的设置如图 10-125 所示，单击"确定"按钮，在"时间线"窗口中添加2条视频轨道。将时间指示器放置在 00:02s 的位置，在"项目"面板中选中"都市夜景"文件并将其拖曳到"时间线"窗口中的"视频 4"轨道中，如图 10-126 所示。

图 10-125

图 10-126

（12）在"时间线"窗口中选取"都市夜景"文件。在"特效控制台"面板中展开"运动"选项，将"位置"选项设为-250.0 和 288.0，单击选项前面的"切换动画"按钮 ⏱，记录第 1 个动画关键帧，如图 10-127 所示。将时间指示器放置在 01:02s 的位置，将"位置"选项设为 360.0 和 288.0，记录第 2 个动画关键帧，如图 10-128 所示。在"节目"窗口中预览效果，如图 10-129 所示。

（13）将时间指示器放置在 03:00s 的位置，将鼠标指针放在"都市夜景"文件的尾部，当鼠标指针呈 ✛ 状时，向前拖曳鼠标到 03:00s 的位置上，如图 10-130 所示。在"项目"面板中选中"都市夜景"文件并再次将其拖曳到"时间线"窗口中的"视频 4"轨道中，如图 10-131 所示。

图 10-127

图 10-128

图 10-129

图 10-130

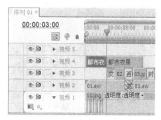

图 10-131

（14）将时间指示器放置在 29:12s 的位置，将鼠标指针放在"都市夜景"文件的尾部，当鼠标指针呈♣状时，向后拖曳鼠标到 29:12s 的位置上，如图 10-132 所示。

图 10-132

（15）将时间指示器放置在 29:02s 的位置。在"特效控制台"面板中展开"运动"选项，将"位置"选项设为 589.8 和 466.8，"缩放比例"选项设为 52.0。展开"透明度"选项，单击"透明度"选项右侧的"添加/移除关键帧"按钮，记录第 1 个动画关键帧，如图 10-133 所示。将时间指示器放置在 29:12s 的位置，在"特效控制台"面板中将"透明度"选项设为 0.0%，记录第 2 个动画关键帧，如图 10-134 所示。

图 10-133

图 10-134

（16）将时间指示器放置在 03:00s 的位置，在"项目"面板中选中"12"文件并将其拖曳到"时间线"窗口中的"视频5"轨道中，如图10-135所示。将时间指示器放置在29:12s的位置，将鼠标指针放在"12"文件的尾部，当鼠标指针呈 ✛ 状时，向后拖曳鼠标到29:12s的位置上，如图10-136所示。

图 10-135

图 10-136

（17）在"时间线"窗口中选取"12"文件。在"特效控制台"面板中展开"运动"选项，将"位置"选项设为285.9和295.0，"缩放比例"选项设为119.9，如图10-137所示。将时间指示器放置在03:00s的位置，展开"透明度"选项，将"透明度"选项设为0.0%，记录第1个动画关键帧，如图10-138所示。将时间指示器放置在03:20s的位置，将"透明度"选项设为100.0，记录第2个关键帧，如图10-139所示。

图 10-137

（18）将时间指示器放置在29:01s的位置，单击"透明度"选项右侧的"添加/移除关键帧"按钮 ◇ ，记录第3个动画关键帧，如图10-140所示。将时间指示器放置在29:12s的位置，将"透明度"选项设为0.0%，记录第4个动画关键帧，如图10-141所示。

城市夜景相册制作完成，如图10-142所示。

图 10-138

图 10-139

图 10-140

图 10-141

图 10-142

10.4 课堂练习
——制作日记相册

练习知识要点

使用"字幕"命令添加并编辑文字；使用"特效控制台"面板编辑视频的位置和透明度制作动画效果；使用不同的转场命令制作视频之间的转场效果；使用"四色渐变"特效为 02 视频添加四色渐变效果；使用"更改颜色"特效改变图像的颜色。日记相册效果如图 10-143 所示。

图 10-143

效果所在位置

光盘/Ch10/制作日记相册.prproj。

10.5 课后习题
——制作糕点相册

习题知识要点

使用"字幕"命令添加并编辑文字；使用"特效控制台"面板编辑视频的位置、定位点，以及使用"透明度"选项制作动画效果；使用不同的转场命令制作视频之间的转场效果；使用"弯曲"特效为 02 视频添加弯曲效果；使用"移除遮罩"特效将原有的遮罩移除。糕点相册效果如图 10-144 所示。

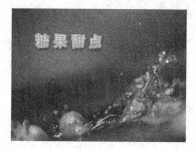

图 10-144

效果所在位置

光盘/Ch10/制作糕点相册.prproj。

第 11 章
制作电视纪录片

电视纪录片是以真实生活为创作素材,以真人真事为表现对象,通过艺术的加工与展现,表现出最真实的本质,并引发人们思考的电视艺术形式。使用 Premiere Pro CS5 制作的电视纪录片形象生动,情节逼真,已成为最普遍的应用方式。本章以多个主题的电视纪录片为例,讲解了电视纪录片的制作方法和技巧。

课堂学习目标

- 了解电视纪录片的构成元素
- 掌握电视纪录片的设计思路
- 掌握电视纪录片的制作技巧

11.1 制作自然风光纪录片

11.1.1 案例分析

使用"字幕"命令添加纪录片文字；使用"特效控制台"面板设置文字的位置、缩放，以及制作透明度动画。使用"效果"面板添加照片之间的切换特效。

11.1.2 案例设计

本案例设计流程如图 11-1 所示。

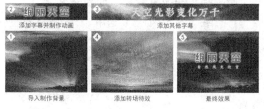

添加字幕并制作动画　　添加其他字幕

导入制作背景　　添加转场特效　　最终效果

图 11-1

11.1.3 案例制作

1. 添加项目图像

（1）启动 Premiere Pro CS5 软件，弹出"欢迎使用 Adobe Premiere Pro"界面，单击"新建项目"按钮 📄，弹出"新建项目"对话框，设置"位置"选项，选择保存文件的路径，在"名称"文本框中输入文件名"制作自然风光纪录片"，如图 11-2 所示，单击"确定"按钮，弹出"新建序列"对话框，在左侧的列表中展开"DV-PAL"选项，选中"标准48kHz"模式，如图 11-3 所示，单击"确定"按钮。

图 11-2

（2）选择"文件 > 导入"命令，弹出"导入"对话框，选择光盘中的"Ch11\制作自然风光纪录片\素材"目录下的"01~05"文件，单击"打开"按钮，导入视频文件，如图 11-4 所示。导入后的文件排列在"项目"面板中，如图 11-5 所示。

图 11-3

图 11-4

图 11-5

（3）选择"文件 > 新建 > 字幕"命令，弹出"新建字幕"对话框，如图 11-6 所示，单击"确定"按钮，弹出"字幕"编辑面板。选择"输入"工具 Ⅱ，在字幕窗口中输入文字"绚丽天空",在"字幕样式"子面板中单击需要的样式,在"字幕属性"面板中设置适当的字体、文字大小和字距,展开"填充"选项,将"颜色"选项设为红色(其R、G、B的值分别为171、31、4)。字幕窗口中的效果如图11-7所示。

图 11-6

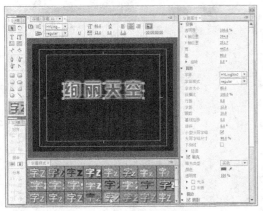

图 11-7

(4)选择"文件 > 新建 > 字幕"命令,弹出"新建字幕"对话框,如图11-8所示,单击"确定"按钮,弹出"字幕"编辑面板。选择"输入"工具 T,在字幕窗口中输入文字"自然风光欣赏",在"字幕样式"子面板中单击需要的样式,在"字幕属性"面板中设置适当的字体、文字大小和字距,字幕窗口中的效果如图11-9所示。用相同的方法添加其他字幕文件。

图 11-8

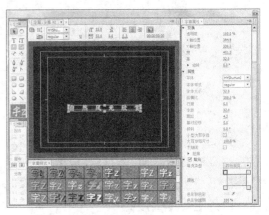

图 11-9

2. 制作图像背景并添加相册文字

(1)在"项目"面板中选中"01~05"文件并将其拖曳到"时间线"窗口中的"视频1"轨道上,如图11-10所示。

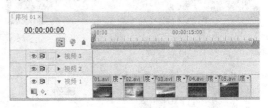

图 11-10

(2)选择"窗口 > 效果"命令,弹出"效果"面板,展开"视频切换"分类选项,单击"缩放"文件夹前面的三角形按钮 ▶ 将其展开,选中"缩放拖尾"特效,如图11-11所示。将其拖曳到"时间线"窗口中的"01"文件的结束位置和"02"文件的开始位置。选取"缩放拖尾"特效,在"特效控制台"面板中将"持续时间"选项设为01:16s,如图11-12所示。用相同的方法添加适当的视频切换特效,如图11-13所示。

图 11-11

图 11-12

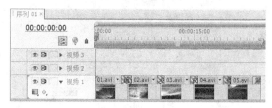

图 11-13

（3）在"项目"面板中选中"字幕01"文件并将
其拖曳到"时间线"窗口中的"视频2"轨道上，如图
11-14所示。将时间指示器放置在04:00s的位置，在
"视频2"轨道上选中"字幕01"文件，将鼠标指针放
在"字幕01"文件的尾部，当鼠标指针呈 状时，向
前拖曳鼠标到04:00s的位置上，如图11-15所示。

图 11-14

图 11-15

（4）将时间指示器放置在 00:00s 的位置。选
择"特效控制台"面板，展开"运动"选项，将"缩
放比例"选项设为 0.0，单击该选项前面的"切换
动画"按钮 ，记录第 1 个动画关键帧，如图 11-16

所示。将时间指示器放置在 02:00s 的位置。将"缩
放比例"选项设为 100.0，记录第 2 个动画关键帧，
如图 11-17 所示。在"节目"窗口中预览效果，如
图 11-18 所示。

图 11-16

图 11-17

图 11-18

（5）将时间指示器放置在 05:00s 的位置。在
"项目"面板中选中"字幕03"文件并将其拖曳到
"时间线"窗口中的"视频2"轨道上，如图11-19
所示。在"时间线"窗口中选取"字幕03"文件。

选择"特效控制台"面板，展开"运动"选项，将"位置"选项设为 360.0 和 410.0，单击该选项前面的"切换动画"按钮，记录第 1 个动画关键帧，如图 11-20 所示。将时间指示器放置在 07:00s 的位置。将"位置"选项设为 360.0 和 288.0，记录第 2 个动画关键帧，如图 11-21 所示。在"节目"窗口中预览效果，如图 11-22 所示。

明度"设为 0.0%，记录第 2 个关键帧，如图 11-24 所示。用相同的方法添加其他字幕并设置位置和制作透明度动画。

图 11-22

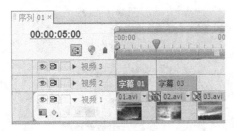

图 11-19

图 11-20

图 11-23

图 11-21

图 11-24

（6）将时间指示器放置在 09:00s 的位置。选择"特效控制台"面板，展开"透明度"选项，将"透明度"设为 100.0%，单击该选项右侧的"添加/移除关键帧"按钮，记录第 1 个关键帧，如图 11-23 所示。将时间指示器放置在 10:00s 的位置，将"透

（7）将时间指示器放置在 02:00s 的位置，在"项目"面板中选中"字幕 02"文件并将其拖曳到"时间线"窗口中的"视频 3"轨道上，如图 11-25 所示。将时间指示器放置在 04:00s 的位置，在"视频 3"轨道上选中"字幕 02"文件，将鼠标指针

放在"字幕 02"文件的尾部,当鼠标指针呈 ✛ 状时,向前拖曳鼠标到 04:00s 的位置上,如图 11-26 所示。

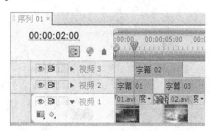

图 11-25

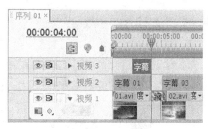

图 11-26

(8)选择"效果"面板,展开"视频切换"分类选项,单击"擦除"文件夹前面的三角形按钮 ▶ 将其展开,选中"擦除"特效,如图 11-27 所示。将其拖曳到"时间线"窗口中的"字幕 02"文件的开始位置,如图 11-28 所示。自然风光纪录片制作完成,如图 11-29 所示。

图 11-27

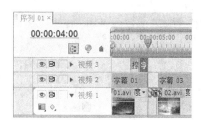

图 11-28

图 11-29

11.2 制作车展纪录片

11.2.1 案例分析

使用"字幕"命令添加并编辑文字;使用"特效控制台"面板编辑视频的位置、缩放比例和设置透明度来制作动画效果;使用"色阶"命令调整视频颜色与亮度;使用不同的转场特效制作视频之间的转场效果;使用"照明效果"命令为影片添加照明效果;使用"色阶"命令调整视频颜色与亮度;使用"轨道遮罩键"命令制作文字蒙版。

11.2.2 案例设计

本案例设计流程如图 11-30 所示。

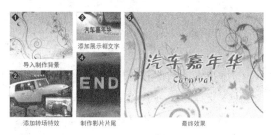

图 11-30

11.2.3 案例制作

1. 制作影片片头

(1)启动 Premiere Pro CS5 软件,弹出"欢迎使用 Adobe Premiere Pro"界面,单击"新建项目"按钮 ,弹出"新建项目"对话框,设置"位置"选项,选择保存文件的路径,在"名称"文本框中输入文件名"制作车展纪录片",如图 11-31 所示。

单击"确定"按钮，弹出"新建序列"对话框，在左侧的列表中展开"DV-PAL"选项，选中"标准 48kHz"模式，如图 11-32 所示，单击"确定"按钮。

图 11-31

图 11-32

（2）选择"文件 > 导入"命令，弹出"导入"对话框，选择光盘中的"Ch11\制作车展纪录片\素材"目录下的"01、02、03、04、05、06、07、08、09、10、12、13、14、15、16、17、18 和汽车嘉年华"文件，单击"打开"按钮，导入视频文件，如图 11-33 所示。导入后的文件排列在"项目"面板中，如图 11-34 所示。

（3）在"项目"面板中选中"01"文件并将其拖曳到"时间线"窗口中的"视频 1"轨道中，如图 11-35 所示。选择"特效控制台"面板，展开"运动"选项，将"缩放比例"选项设置为 125.0，如图 11-36 所示。

图 11-33

图 11-34

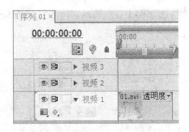

图 11-35

图 11-36

（4）在"项目"面板中选中"汽车嘉年华"文

件，将其拖曳到"时间线"窗口中的"视频 2"轨道中并调整其播放时间，如图 11-37 所示。将时间指示器放置在 02:14s 的位置，单击"视频 2"轨道中的"添加/移除关键帧"按钮，如图 11-38 所示，添加第 1 个关键帧。将时间指示器放置在 02:24s 的位置，单击"视频 2"轨道中的"添加/移除关键帧"按钮，添加第 2 个关键帧，用鼠标拖曳第 2 个关键帧移至最低，如图 11-39 所示。

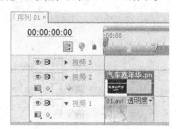

图 11-37

图 11-38

图 11-39

（5）将时间指示器放置在 00:00s 的位置，选择"特效控制台"面板，展开"运动"选项，将"缩放比例"选项设置为 0.0，单击"缩放比例"选项前面的"切换动画"按钮，如图 11-40 所示，记录第 1 个动画关键帧。将时间指示器放置在 01:06s 的位置，将"缩放比例"选项设置为 100.0，记录第 2 个动画关键帧，如图 11-41 所示。在"节目"窗口中预览效果，如图 11-42 所示。

2．添加素材并制作转场与特效

（1）在"项目"面板中选中"02"文件并将拖曳到"时间线"窗口中的"视频 1"轨道中，如图 11-43

所示。在"时间线"窗口中选中"02"文件，选择"素材 > 速度/持续时间"命令，弹出"素材速度/持续时间"对话框，设置"速度"数值为 180%，如图 11-44 所示。在"时间线"窗口中的显示如图 11-45 所示。

图 11-40

图 11-41

图 11-42

图 11-43

图 11-44

（2）在"项目"面板中选中"03、04、05、06、07、09、10、11、12、13、14 和 15"文件并分别

拖曳到"时间线"窗口中的"视频 1"轨道中，选择"速度/持续时间"命令，用同样的方法为其设置不同的速度和持续时间，如图 11-46 所示。

图 11-45

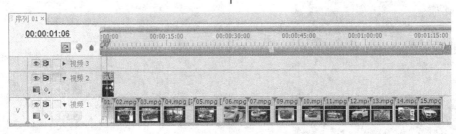

图 11-46

（3）选择"窗口 > 效果"命令，弹出"效果"面板，展开"视频特效"分类选项，单击"调整"文件夹前面的三角形按钮 ▶ 将其展开，选中"照明效果"特效，如图 11-47 所示。将其拖曳到"时间线"窗口中的"02"文件上，如图 11-48 所示。

（4）将时间指示器放置在 02:24s 的位置，选择"特效控制台"面板，展开"照明效果"特效，参数设置如图 11-49 所示，在"节目"窗口中预览效果，如图 11-50 所示。

图 11-47

图 11-49

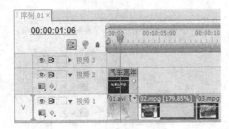

图 11-48

图 11-50

（5）选择"效果"面板，展开"视频特效"分类选项，单击"调整"文件夹前面的三角形按钮 ▶ 将其展开，选中"色阶"特效，如图 11-51 所示。将其拖曳到"时间线"窗口中的"03"文件上，如图 11-52 所示。

图 11-51

图 11-52

（6）将时间指示器放置在 08:13s 的位置，选择"特效控制台"面板，展开"色阶"特效，其参数设置如图 11-53 所示，在"节目"窗口中预览效果，如图 11-54 所示。

图 11-53

（7）选择"效果"面板，展开"视频特效"分类选项，单击"调整"文件夹前面的三角形按钮 ▶ 将其展开，选中"照明效果"特效，如图 11-55 所示。将其拖曳到"时间线"窗口中的"05"文件上，如图 11-56 所示。

图 11-54

图 11-55

图 11-56

（8）将时间指示器放置在 21:05s 的位置，选择"特效控制台"面板，展开"照明效果"特效，其参数设置如图 11-57 所示，在"节目"窗口中预览效果，如图 11-58 所示。

图 11-57

图 11-58

（9）将时间指示器放置在 33:19s 的位置，在"项目"面板中选中"08"文件并将其拖曳到"时间线"窗口中的"视频 2"轨道中，应用"速度/持续时间"命令，用同样的方法设置不同的速度和持续时间，如图 11-59 所示。选择"特效控制台"面板，展开"运动"选项，将"位置"选项设置为 555.0 和 448.8，"缩放比例"选项设置为 40.0，如图 11-60 所示。

图 11-59

图 11-60

（10）选择"效果"面板，展开"视频特效"分类选项，单击"键控"文件夹前面的三角形按钮▷将其展开，选中"颜色键"特效。将"颜色键"特效拖曳到"时间线"窗口中的"08"文件上，选择"特效控制台"面板，展开"颜色键"特效，其参数

设置如图 11-61 所示。在"节目"窗口中预览效果，如图 11-62 所示。

图 11-61

图 11-62

（11）将时间指示器放置在 33:19s 的位置，单击"视频 2"轨道中的"添加/移除关键帧"按钮，添加第 1 个关键帧，用鼠标拖曳第 1 个关键帧移至最低，如图 11-63 所示。将时间指示器放置在 34:05s 的位置，单击"视频 2"轨道中的"添加/移除关键帧"按钮，添加第 2 个关键帧，用鼠标拖曳第 2 个关键帧移至最高，如图 11-64 所示。用同样的方法为 37:00s、37:12s 的位置添加关键帧，如图 11-65 所示。

图 11-63

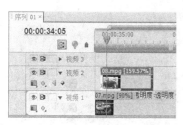

图 11-64

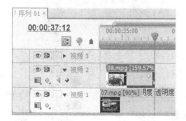

图 11-65

（12）在"时间线"窗口中选中"15"文件，将时间指示器放置在 01:16:20s 的位置，单击"视频 1"轨道中的"添加/移除关键帧"按钮，如图 11-66 所示，添加第 1 个关键帧，将时间指示器放置在 01:17:10s 的位置，单击"视频 1"轨道中的"添加/移除关键帧"按钮，添加第 2 个关键帧，用鼠标拖曳第 2 个关键帧移至最低，如图 11-67 所示。

图 11-66

图 11-67

（13）选择"效果"面板，展开"视频切换"特效分类选项，单击"叠化"文件夹前面的三角形按钮 ▶ 将其展开，选中"黑场过渡"特效，如图 11-68 所示。将"黑场过渡"特效拖曳到"时间线"窗口中的"01"文件的结尾处与"02"文件的开始位置，如图 11-69 所示。使用相同的方法为"视频 1"轨道的其他素材添加不同视频切换特效，在"时间线"窗口中的效果如图 11-70 所示。

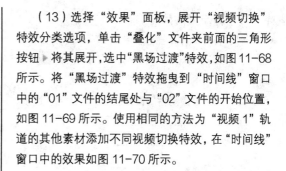

图 11-68

图 11-69

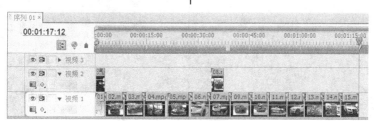

图 11-70

3. 制作影片片尾

（1）将时间指示器放置在 01:17:12s 的位置，在"项目"面板中选中"16"文件并将其拖曳到"时间线"窗口中的"视频 1"轨道中，如图 11-71 所示。选择"特效控制台"面板，展开"运动"选项，将"位置"选项设置为 360.0 和 350.0，"缩放比例"选项设置为 50.0，如图 11-72 所示。

图 11-71

图 11-72

（2）在"时间线"窗口中选择"视频 1"轨道中"16"文件，将时间指示器放置在 01:17:12s 的位置，按<Ctrl>+<C>组合键复制"视频 1"轨道中"16"文件，同时锁定该轨道。选择"视频 2"轨道，按<Ctrl>+<V>组合键将复制出的"16"文件粘贴到"视频 2"中，取消"视频 1"轨道锁定，如图 11-73 所示。选择"视频 2"轨道中的"16"文件，选择"特效控制台"面板，展开"运动"选项，将"位置"选项设置为 360.0 和 220.0，"旋转"选项设置为 180.0°，如图 11-74 所示。

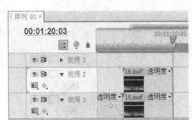

图 11-73

图 11-74

（3）选择"文件 > 新建 > 字幕"命令，弹出"新建字幕"对话框，在"名称"文本框中输入"END"，如图 11-75 所示。单击"确定"按钮，弹出"字幕"编辑面板，选择"输入"工具 T，在字幕工作区中输入需要的文字，设置"颜色"值为白色，填充文字，其他设置如图 11-76 所示。关闭"字幕"编辑面板，新建的字幕文件自动保存到"项目"窗口中。

图 11-75

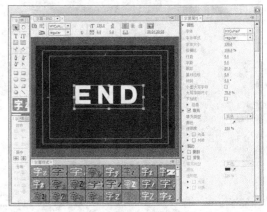

图 11-76

（4）选择"序列 > 添加轨道"命令，弹出"添加轨道"对话框，单击"确定"按钮，在"时间线"窗口中添加一个"视频 4"轨道。在"项目"面板中选中"END"

文件，将其拖曳到"时间线"窗口中的"视频 4"轨道中，并调整其播放时间，如图 11-77 所示。

图 11-77

（5）将时间指示器放置在 01:17:12s 的位置，选择"特效控制台"面板，展开"运动"选项，将"缩放比例"选项设置为 300.0，单击"缩放比例"选项前面的"切换动画"按钮，如图 11-78 所示，记录第 1 个动画关键帧。将时间指示器放置在 01:18:02s 的位置，"缩放比例"选项设置为 100.0，如图 11-79 所示，记录第 2 个动画关键帧。

图 11-78

图 11-79

（6）将时间指示器放置在 01:17:12s 的位置，在"项目"面板中选中"17"文件并将其拖曳到"时间线"窗口中的"视频 3"轨道中，将时间指示器

放置在 01:20:03s 的位置，将鼠标指针放在"17"文件的尾部，当鼠标指针呈 状时，向后拖曳鼠标到 01:20:03s 的位置，如图 11-80 所示。将时间指示器放置在 01:17:12s 的位置，选择"特效控制台"面板，展开"透明度"选项，将"透明度"选项设置为 55.0%，记录第 1 个动画关键帧。将时间指示器放置在 01:20:02s 的位置，"透明度"选项设置为 100.0%，记录第 2 个动画关键帧，如图 11-81 所示。

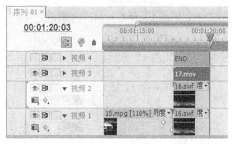

图 11-80

图 11-81

（7）选择"窗口 > 效果"命令，弹出"效果"面板，展开"视频特效"分类选项，单击"键控"文件夹前面的三角形按钮 将其展开，选中"轨道遮罩键"特效，如图 11-82 所示。将其拖曳到"时间线"窗口中的"17"文件上，如图 11-83 所示。

图 11-82

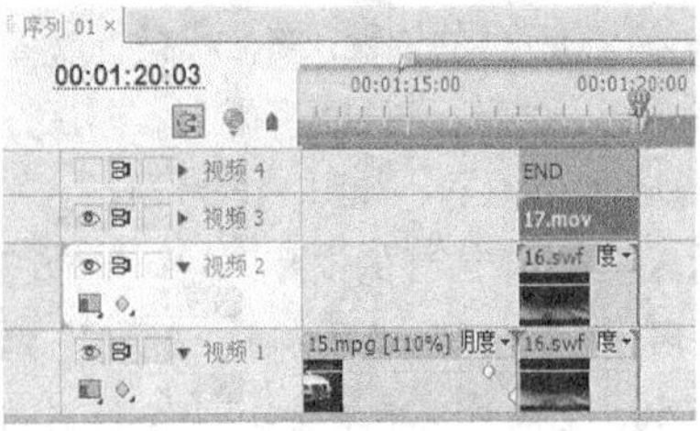

图 11-83

（8）将时间指示器放置在 01:17:12s 的位置，选择“特效控制台”面板，展开“轨道遮罩键”特效，其参数设置如图 11-84 所示，在“节目”窗口中预览效果，如图 11-85 所示。

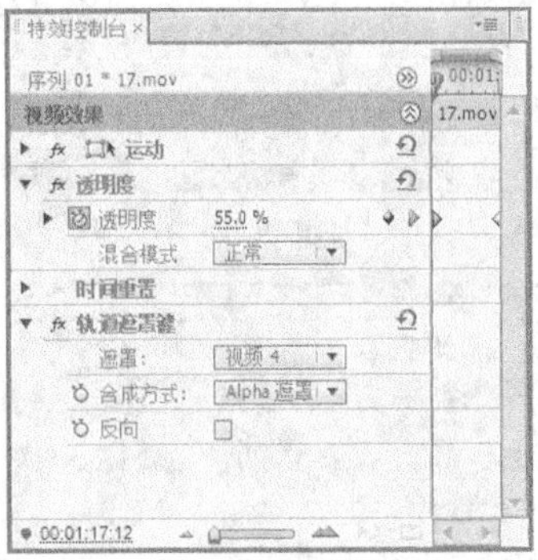

图 11-84

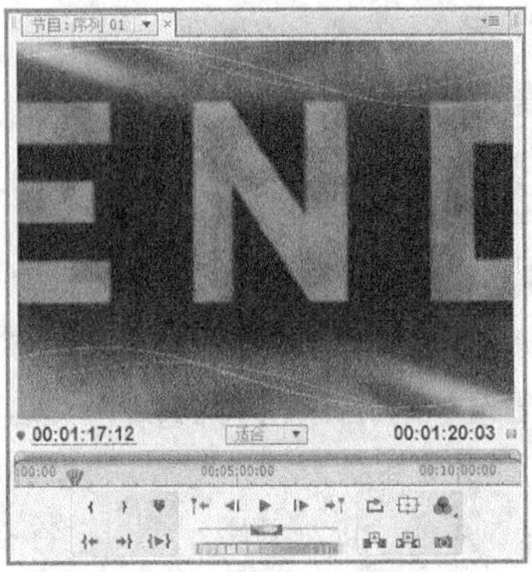

图 11-85

4. 制作展示框文字

（1）选择“文件 > 新建 > 字幕”命令，弹出“新建字幕”对话框，如图 11-86 所示，单击“确定”按钮，弹出“字幕”编辑面板。选择“输入”工具 T，在字幕窗口中分别输入需要的文字，在“字幕属性”面板中设置适当的字体、文字大小、字距和旋转，并填充相应的颜色，字幕窗口中的效果如图 11-87 所示。

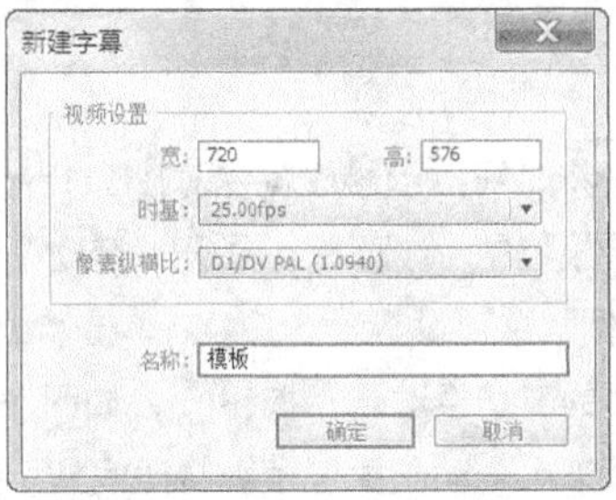

图 11-86

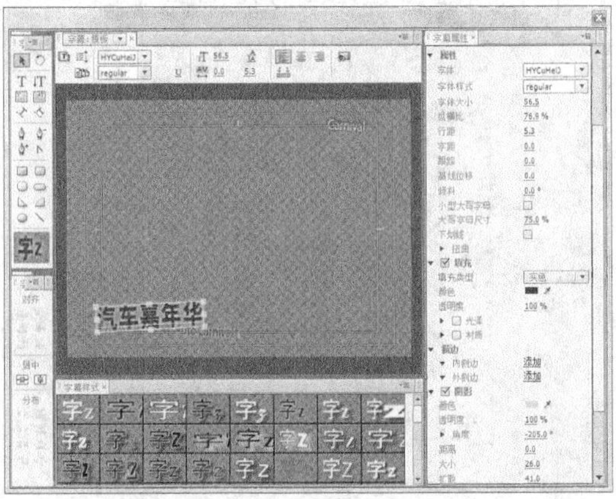

图 11-87

（2）在“项目”面板中选中“模板”文件并将其拖曳到“时间线”窗口中的“视频 3”轨道上，将鼠标指针放在“模板”文件的尾部，当鼠标指针呈 状时，向后拖曳鼠标到适当位置上，如图 11-88 所示。

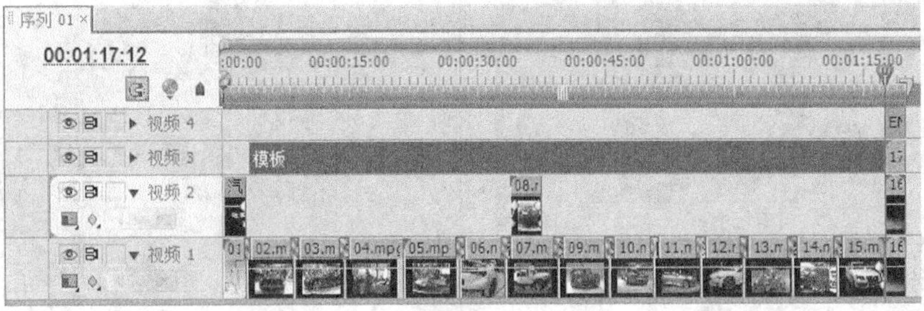

图 11-88

（3）将时间指示器放置在 01:16:20s 的位置，选择"特效控制台"面板，将"透明度"选项设为 100.0%，单击选项右侧的"添加/移除关键帧"按钮 ◇，记录第 1 个关键帧，如图 11-89 所示。将时间指示器放置在 01:17:12s 的位置，将"透明度"选项设为 0.0%，记录第 2 个关键帧，如图 11-90 所示。车展纪录片制作完成，如图 11-91 所示。

图 11-89

图 11-90

图 11-91

11.3 制作信息时代纪录片

11.3.1 案例分析

使用"字幕"命令添加纪录片主题文字和介绍

性文字；使用"特效控制台"面板制作文字与图像的位置和缩放动画。使用"效果"面板添加照片之间的切换特效。

11.3.2 案例设计

本案例设计流程如图 11-92 所示。

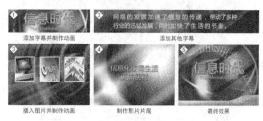

添加字幕并制作动画　　　　添加其他字幕

插入图片并制作动画　　制作影片片尾　　最终效果

图 11-92

11.3.3 案例制作

1. 添加项目文件

（1）启动 Premiere Pro CS5 软件，弹出"欢迎使用 Adobe Premiere Pro"界面，单击"新建项目"按钮 📄，弹出"新建项目"对话框，设置"位置"选项，选择保存文件的路径，在"名称"文本框中输入文件名"制作信息时代纪录片"，如图 11-93 所示，单击"确定"按钮，弹出"新建序列"对话框，在左侧的列表中展开"DV-PAL"选项，选中"标准 48kHz"模式，如图 11-94 所示，单击"确定"按钮。

图 11-93

（2）选择"文件 > 导入"命令，弹出"导入"对话框，选择光盘中的"Ch11\制作信息时代纪录片\素材"目录下的"01~12"文件，单击"打开"按钮，导入文件，如图 11-95 所示。导入后的文件排列在"项目"面板中，如图 11-96 所示。

图 11-94

图 11-95

图 11-96

（3）选择"文件 > 新建 > 字幕"命令，弹出
"新建字幕"对话框，选项的设置如图 11-97 所示，
单击"确定"按钮，弹出字幕编辑面板，如图 11-98
所示。

图 11-97

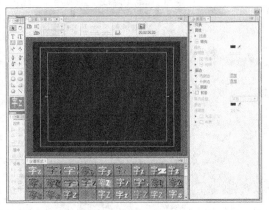

图 11-98

（4）选择"输入"工具 T，在字幕窗口中输入
文字"信息时代 The Information Age"，单击"字幕
属性栏"中的"居中"按钮，使文字居中对齐。选
择"字幕属性"面板，选取文字"信息时代"，展开"属
性"选项，各选项的设置如图 11-99 所示。选取文字
"The Information Age"，选项的设置如图 11-100 所
示。字幕窗口中的效果如图 11-101 所示。

图 11-99

（5）将文字同时选取，展开"填充"选项，选
项的设置如图 11-102 所示。展开"描边"选项，
单击"外侧边"右侧的"添加"按钮，添加外侧边，
各选项的设置如图 11-103 所示。展开"阴影"选
项，各选项的设置如图 11-104 所示。字幕窗口中
的效果如图 11-105 所示。

图 11-100

图 11-101

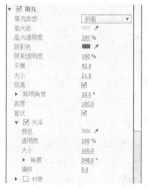

图 11-102

图 11-103

图 11-104

图 11-105

（6）选择"文件 > 新建 > 字幕"命令，弹出"新建字幕"对话框，选项的设置如图 11-106 所示，单击"确定"按钮，弹出"字幕"编辑面板。选择"输入"工具 T，在字幕窗口中输入需要的文字。选取文字，选择"字幕属性"面板，展开"属性"选项，选项的设置如图 11-107 所示，在字幕窗口中的效果如图 11-108 所示。用相同的方法制作"字幕03"和"字幕04"。

图 11-106

图 11-107

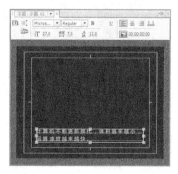

图 11-108

2. 制作图像动画

（1）在"项目"面板中选中"01"文件并将其拖曳到"时间线"窗口中的"视频 1"轨道中，如图 11-109 所示。将时间指示器放置在 03:00s 的位置，将鼠标指针放在"01"文件的尾部，当鼠标指针呈 ╂ 状时，向前拖曳鼠标到 03:00s 的位置上，如图 11-110 所示。

图 11-109

图 11-110

（2）在"项目"面板中选中"字幕 01"文件并将其拖曳到"时间线"窗口中的"视频 2"轨道中，如图 11-111 所示。将鼠标指针放在"字幕 01"文件的尾部，当鼠标指针呈 ╂ 状时，向前拖曳鼠标到 03:00s 的位置上，如图 11-112 所示。

图 11-111

图 11-112

（3）将时间指示器放置在 00:00s 的位置，选择"特效控制台"面板，展开"透明度"选项，将"透明度"选项设为 0.0%，记录第 1 个关键帧，如图 11-113 所示。将时间指示器放置在 01:15s 的位置，将"透明度"选项设为 100.0%，记录第 2 个关键帧，如图 11-114 所示。

图 11-113

图 11-114

（4）将时间指示器放置在 02:17s 的位置，单击选项右侧的"添加/移除关键帧"按钮 ，记录第 3 个关键帧，如图 11-115 所示。将时间指示器放置在 03:00s 的位置，将"透明度"选项设为 0.0%，记录第 4 个关键帧，如图 11-116 所示。

图 11-115

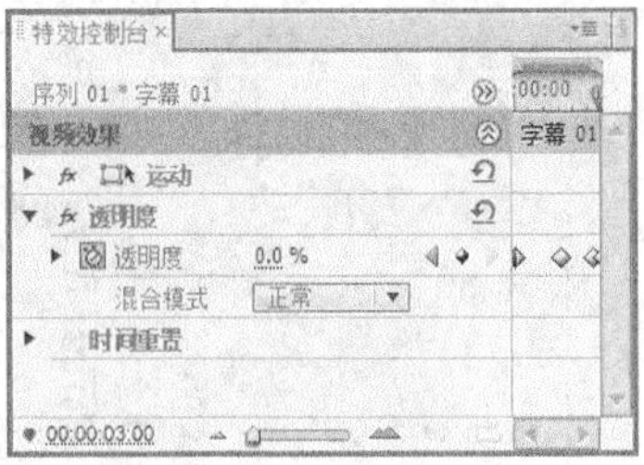

图 11-116

（5）选择"文件 > 新建 > 序列"命令,弹出"新建序列"对话框,选项的设置如图 11-117 所示,单击"确定"按钮,新建序列 02,其"时间线"窗口如图 11-118 所示。

图 11-117

图 11-118

（6）在"项目"面板中选中"02"文件并将其拖曳到"时间线"窗口中的"视频 1"轨道中,如图 11-119 所示。将时间指示器放置在 07:19s 的位置,将鼠标指针放在"02"文件的尾部,当鼠标指针呈 状时,向前拖曳鼠标到 07:19s 的位置上,如图 11-120 所示。

图 11-119

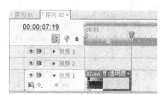

图 11-120

（7）将时间指示器放置在 01:09s 的位置,在"项目"面板中选中"06"文件并将其拖曳到"时间线"窗口中的"视频 2"轨道中,如图 11-121 所示。在"时间线"窗口中选取"06"文件。将时间指示器放置在 01:14s 的位置,在"特效控制台"面板中展开"运动"选项,将"位置"选项设为 840.0 和 240.0,单击选项前面的"切换动画"按钮 ,记录第 1 个动画关键帧,如图 11-122 所示。将时间指示器放置在 06:00s 的位置,将"位置"选项设为 -123.3 和 240.0,记录第 2 个动画关键帧,如图 11-123 所示。

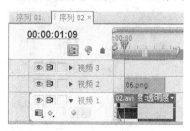

图 11-121

图 11-122

图 11-123

（8）将时间指示器放置在 02:18s 的位置,在"项目"面板中选中"07"文件并将其拖曳到"时间线"窗口中的"视频 3"轨道中,如图 11-124 所示。在

"时间线"窗口中选取"07"文件。将时间指示器放置在 02:23s 的位置，在"特效控制台"面板中展开"运动"选项，将"位置"选项设为 840.0 和 240.0，单击选项前面的"切换动画"按钮，记录第 1 个动画关键帧，如图 11-125 所示。将时间指示器放置在 07:09s 的位置，将"位置"选项设为-123.3 和 240.0，记录第 2 个动画关键帧，如图 11-126 所示。

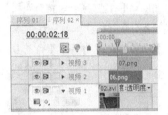

图 11-124

图 11-125

图 11-126

（9）选择"序列 > 添加轨道"命令，弹出"添加视音轨"对话框，选项的设置如图 11-127 所示，单击"确定"按钮，在"时间线"窗口中添加 3 条视频轨道。用相同的方法在"视频 4"和"视频 5"轨道中分别添加 08 和 09 文件，并分别制作文件的位置动画，如图 11-128 所示。

（10）将时间指示器置于 01:04s 的位置，在"项目"面板中选中"字幕 02"文件并将其拖曳到"时间线"窗口中的"视频 6"轨道中，如图 11-129 所示。将时间指示器置于 10:04s 的位置，将鼠标指针放在"字幕 02"文件的尾部，当鼠标指针呈 状时，向后拖曳鼠标到 10:04s 的位置上，如图 11-130 所示。

图 11-127

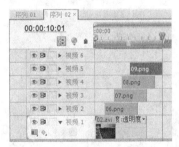

图 11-128

图 11-129

图 11-130

（11）选择"文件 > 新建 > 序列"命令，弹出"新建序列"对话框，选项的设置如图 11-131 所示，单击"确定"按钮，新建序列 03，其"时间线"窗口如图 11-132 所示。

图 11-131

图 11-132

（12）在"项目"面板中选中"03"文件并将其拖曳到"时间线"窗口中的"视频 1"轨道中，如图 11-133 所示。将时间指示器放置在 05:16s 的位置，将鼠标指针放在"03"文件的尾部，当鼠标指针呈 ◄┤ 状时，向前拖曳鼠标到 05:16s 的位置上，如图 11-134 所示。

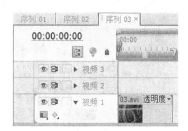

图 11-133

（13）将时间指示器放置在 00:05s 的位置，在"项目"面板中选中"10"文件并将其拖曳到"时间线"窗口中的"视频 2"轨道中，如图 11-135

所示。在"时间线"窗口中选取"10"文件。在"特效控制台"面板中展开"运动"选项，将"位置"选项设为 144.2 和 240.0，如图 11-136 所示。在"节目"窗口中预览效果，如图 11-137 所示。

图 11-134

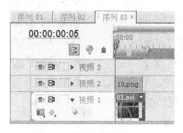

图 11-135

图 11-136

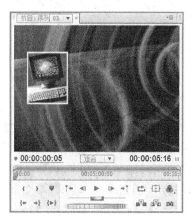

图 11-137

（14）将时间指示器放置在 05:16s 的位置，将鼠标指针放在"10"文件的尾部，当鼠标指针呈┿状时，向后拖曳鼠标到 05:16s 的位置上，如图 11-138 所示。

图 11-138

（15）将时间指示器放置在 01:00s 的位置，在"项目"面板中选中"11"文件并将其拖曳到"时间线"窗口中的"视频 3"轨道中，如图 11-139 所示。在"时间线"窗口中选取"11"文件。在"特效控制台"面板中展开"运动"选项，将"位置"选项设为 364.9 和 240.0，如图 11-140 所示。在"节目"窗口中预览效果，如图 11-141 所示。

图 11-139

图 11-140

（16）将时间指示器放置在 05:16s 的位置，将鼠标指针放在"11"文件的尾部，当鼠标指针呈┿状时，向前拖曳鼠标到 05:16s 的位置上，如图 11-142 所示。

（17）选择"序列 > 添加轨道"命令，弹出"添加视音轨"对话框，选项的设置如图 11-143 所示，单击"确定"按钮，在"时间线"窗口中添加 2 条视频轨道，如图 11-144 所示。

图 11-141

图 11-142

图 11-143

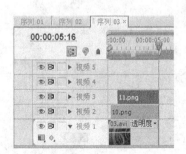

图 11-144

（18）将时间指示器放置在 01:20s 的位置，在"项目"面板中选中"12"文件并将其拖曳到"时

间线"窗口中的"视频 4"轨道中，如图 11-145
所示。在"时间线"窗口中选取"12"文件。在"特
效控制台"面板中展开"运动"选项，将"位置"
选项设为 583.7 和 240.0，如图 11-146 所示。在
"节目"窗口中预览效果，如图 11-147 所示。

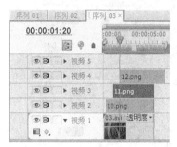

图 11-145

图 11-146

图 11-147

（19）将时间指示器放置在 05:16s 的位置，
将鼠标指针放在"12"文件的尾部，当鼠标指针
呈➡状时，向前拖曳鼠标到 05:16s 的位置上，如
图 11-148 所示。

（20）将时间指示器放置在 02:15s 的位置，在
"项目"面板中选中"字幕 03"文件并将其拖曳到

"时间线"窗口中的"视频 5"轨道中，如图 11-149
所示。将时间指示器放置在 05:16s 的位置，将鼠
标指针放在"字幕 03"文件的尾部，当鼠标指针
呈➡状时，向前拖曳鼠标到 05:16s 的位置上，如
图 11-150 所示。

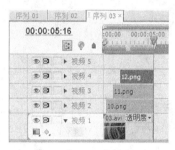

图 11-148

图 11-149

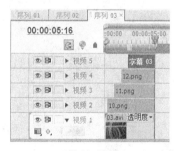

图 11-150

（21）选择"文件 > 新建 > 序列"命令，弹
出"新建序列"对话框，选项的设置如图 11-151
所示，单击"确定"按钮，新建序列 04，其"时间
线"窗口如图 11-152 所示。

（22）在"项目"面板中选中"04"文件并将
其拖曳到"时间线"窗口中的"视频 1"轨道中，
如图 11-153 所示。将时间指示器放置在 03:00s
的位置，将鼠标指针放在"04"文件的尾部，当鼠
标指针呈➡状时，向前拖曳鼠标到 03:00s 的位置
上，如图 11-154 所示。

图 11-151

图 11-152

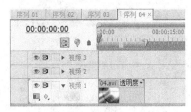

图 11-153

图 11-154

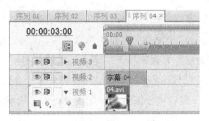

图 11-155

图 11-156

（23）在"项目"面板中选中"字幕 04"文件并将其拖曳到"时间线"窗口中的"视频 2"轨道中，如图 11-155 所示。将时间指示器放置在 00:00s 的位置，在"时间线"窗口中选取"字幕 04"文件。在"特效控制台"面板中展开"运动"选项，将"缩放比例"选项设为 0.0，单击该选项前面的切换动画按钮，记录第 1 个动画关键帧，如图 11-156 所示。

（24）将时间指示器放置在 02:00s 的位置，将"缩放比例"选项设为 100.0，记录第 2 个动画关键帧，如图 11-157 所示。将时间指示器放置在 03:00s 的位置，将鼠标指针放在"字幕 04"文件的尾部，当鼠标指针呈 ┿ 状时，向前拖曳鼠标到 03:00s 的位置上，如图 11-158 所示。

图 11-157

图 11-158

（25）在"项目"面板中选中"序列 02"文件并将其拖曳到"时间线"窗口中的"视频 1"轨道中，如图 11-159 所示。将时间指示器放置在 09:00s 的位置，将鼠标指针放在"序列 02"文件的尾部，当鼠标指针呈➡状时，向前拖曳鼠标到 09:00s 的位置上，如图 11-160 所示。

图 11-159

图 11-160

（26）在"项目"面板中选中"序列 03"和"序列 04"文件并将其拖曳到"时间线"窗口中的"视频 1"轨道中，如图 11-161 所示。在"效果"面板中展开"视频切换"分类选项，单击"叠化"文件夹前面的三角形按钮 ▶ 将其展开，选中"交叉叠化"特效，如图 11-162 所示。将其拖曳到"时间线"窗口中的"01"文件的结尾处与"序列 02"文件的开始位置，如图 11-163 所示。用相同的方法在"时间线"窗口中添加适当的过渡切换特效，如图 11-164 所示。

图 11-161

（27）在"时间线"窗口中选取"交叉叠化"切换特效，在"特效控制台"面板中将"持续时间"

选项设为 02:00，如图 11-165 所示，其"时间线"窗口如图 11-166 所示。

图 11-162

图 11-163

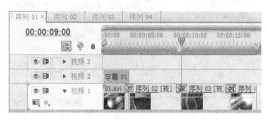

图 11-164

图 11-165

（28）在"项目"面板中选中"05"文件并将其拖曳到"时间线"窗口中的"视频 3"轨道中，如图 11-167 所示。将时间指示器放置在 17:16s

的位置，将鼠标指针放在“05”文件的尾部，当鼠标指针呈↔状时，向后拖曳鼠标到 17:16s 的位置上，如图 11-168 所示。

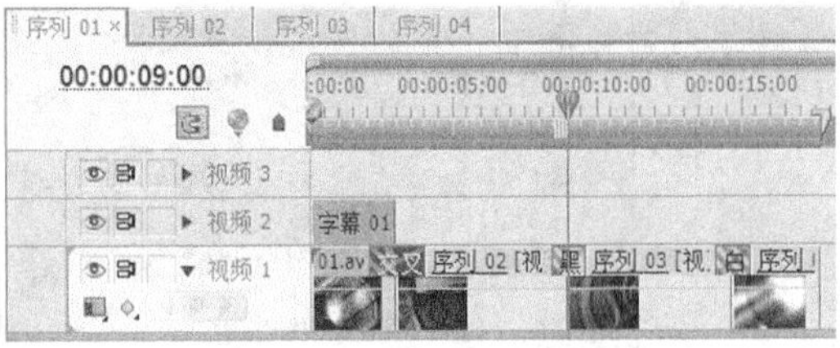

图 11-166

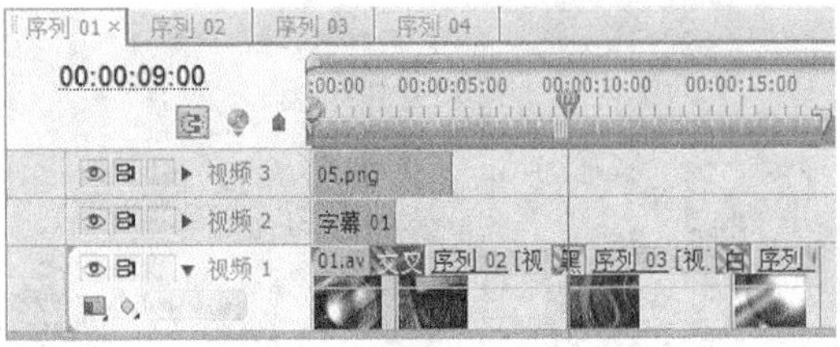

图 11-167

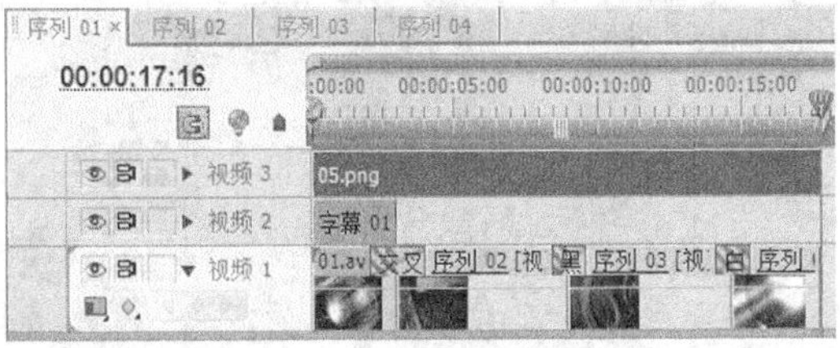

图 11-168

（29）在“效果”面板中展开“视频切换”分类选项，单击“卷页”文件夹前面的三角形按钮▶将其展开，选中“卷走”特效，如图 11-169 所示。将其拖曳到“时间线”窗口中的“05”文件的开始位置，如图 11-170 所示。信息时代纪录片制作完成，在“节目”窗口中预览效果，如图 11-171 所示。

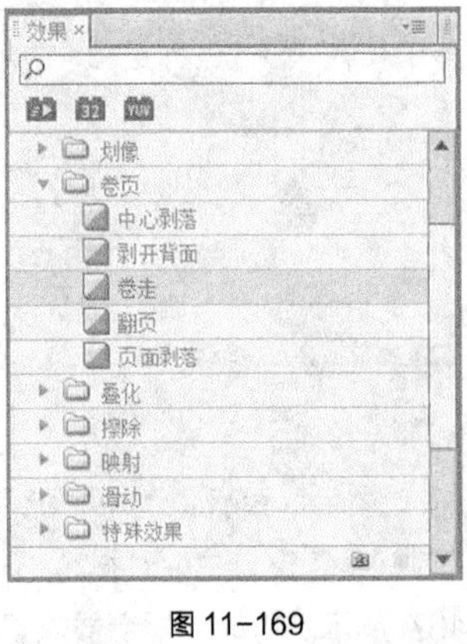

图 11-169

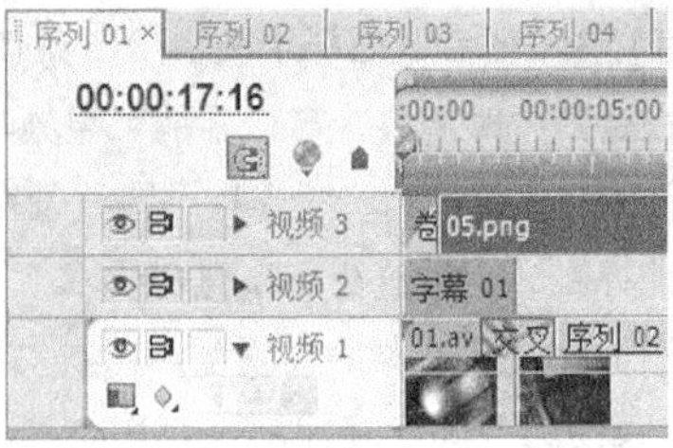

图 11-170

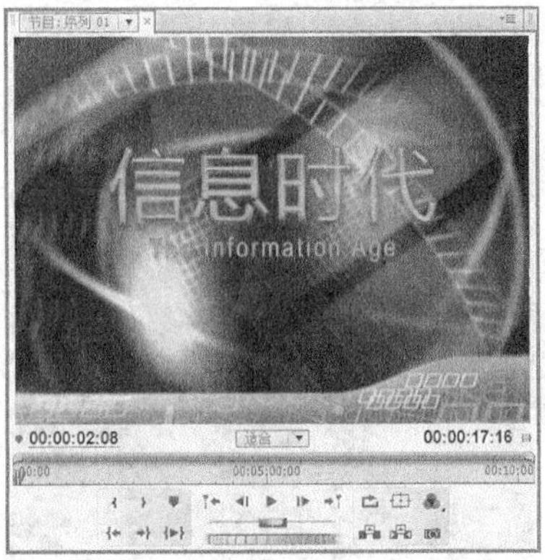

图 11-171

11.4 课堂练习——制作自行车手纪录片

练习知识要点

使用“字幕”命令添加并编辑文字；使用“特效控制台”面板编辑视频的“位置”、“缩放比例”和“透明度”制作动画效果；使用不同的转场命令制作视频之间的转场效果；使用“镜头光晕”特效为 01 视频添加镜头光晕效果，并制作光晕的动画效果；使用“高斯模糊”特效为文字添加模糊效果，并制作模糊的动画效果。自行车手纪录片效果如图 11-172 所示。

效果所在位置

光盘/Ch11/制作自行车手纪录片.prproj。

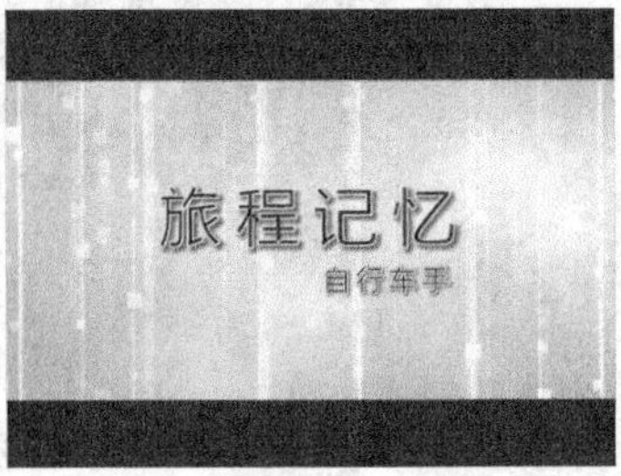

图 11-172

11.5 课后习题
——制作鸟世界纪录片

🔍 习题知识要点

使用"字幕"命令添加并编辑文字；使用"特效控制台"面板编辑视频的"缩放比例"制作动画效果；使用不同的转场命令制作视频之间的转场效果；使用"裁剪"命令为 02 视频的进行裁剪，并制作裁剪的动画效果；使用"羽化边缘"命令羽化图像的边缘；使用"高斯模糊"特效为文字添加模糊效果，并制作模糊的动画效果。鸟世界纪录片效果如图 11-173 所示。

图 11-173

🔍 效果所在位置

光盘/Ch11/制作鸟世界纪录片 .prproj。

12 Chapter

第 12 章
制作电视广告

电视广告是一种经由电视传播的广告形式，通常用来宣传商品、服务、组织和概念等。它具有覆盖面大、普及率高、综合表现能力强等特点。本章以多个主题的电视广告为例，讲解电视广告的构思方法和制作技巧，读者通过学习可以掌握电视广告的制作要点，从而设计制作出形象生动、视觉冲击力强的电视广告。

课堂学习目标

- 了解电视广告的组成要素
- 掌握电视广告的制作思路
- 掌握电视广告的制作技巧

12.1 制作电视机广告

12.1.1 案例分析

使用"导入"命令导入素材图片；使用"特效控制台"面板编辑图片的位置和缩放比例并制作动画；使用"添加轨道"命令添加视频轨道。

12.1.2 案例设计

本案例设计流程如图 12-1 所示。

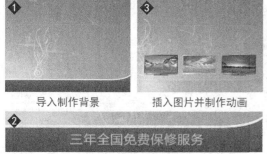
导入制作背景

插入图片并制作动画

添加并编辑字幕

最终效果

图 12-1

12.1.3 案例制作

1. 导入图片

（1）启动 Premiere Pro CS5 软件，弹出"欢迎使用 Adobe Premiere Pro"界面，单击"新建项目"按钮 ，弹出"新建项目"对话框，设置"位置"选项，选择保存文件的路径，在"名称"文本框中输入文件名"制作电视机广告"，如图 12-2 所示，单击"确定"按钮，弹出"新建序列"对话框，在左侧的列表中展开"DV-PAL"选项，选中"标准 48kHz"模式，如图 12-3 所示，单击"确定"按钮。

图 12-2

图 12-3

（2）选择"文件 > 导入"命令，弹出"导入"对话框，选择光盘中的"Ch12\制作电视机广告\素材"目录下的"01~11"文件，单击"打开"按钮，导入文件，如图 12-4 所示。导入后的文件排列在"项目"面板中，如图 12-5 所示。

2. 制作文件的叠加动画

（1）将时间指示器放置在 01:00s 的位置，在"项目"面板中选中"02"文件并将其拖曳到"时间线"窗口中的"视频 1"轨道上，如图 12-6 所示。将时间指示器放置在 11:00s 的位置，将鼠标指针放在"02"文件的尾部,当鼠标指针呈╬状时,向前拖曳鼠标到11:00s的位置上,如图12-7所示。

图12-4

图12-5

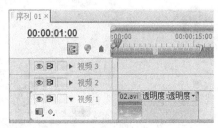

图12-6

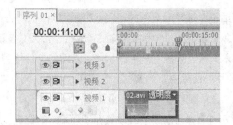

图12-7

（2）将时间指示器放置在 01:00s 的位置,在"项目"面板中选中"03"文件并将其拖曳到"时

间线"窗口中的"视频 2"轨道上,如图 12-8 所示。将时间指示器放置在 11:00s 的位置,将鼠标指针放在"03"文件的尾部,当鼠标指针呈╬状时,向后拖曳鼠标到 11:00s 的位置上,如图 12-9 所示。

图12-8

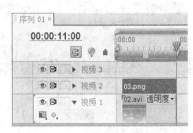

图12-9

（3）将时间指示器放置在 08:00s 的位置,选择"特效控制台"面板,展开"透明度"选项,将"透明度"选项设为 50.0%,记录第 1 个动画关键帧,如图 12-10 所示。将时间指示器放置在 09:10s 的位置,将"透明度"选项设为 100.0%,记录第 2 个动画关键帧,如图 12-11 所示。

图12-10

图12-11

（4）将时间指示器放置在 01:00s 的位置，在"项目"面板中选中"04"文件并将其拖曳到"时间线"窗口中的"视频 3"轨道上，如图 12-12 所示。将时间指示器放置在 09:00s 的位置，将鼠标指针放在"04"文件的尾部，当鼠标指针呈 ⊹ 状时，向后拖曳鼠标到 09:00s 的位置上，如图 12-13 所示。

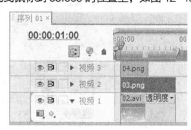

图 12-12

图 12-13

（5）将时间指示器放置在 06:00s 的位置，选择"特效控制台"面板，展开"透明度"选项，单击该选项右侧的"添加/移除关键帧"按钮 ◈，记录第 1 个动画关键帧，如图 12-14 所示。将时间指示器放置在 08:00s 的位置，将"透明度"选项设为 0.0%，记录第 2 个动画关键帧，如图 12-15 所示。

图 12-14

图 12-15

（6）在"项目"面板中选中"11"文件并将其拖曳到"时间线"窗口中的"视频 3"轨道上，如图 12-16 所示。将时间指示器放置在 11:00s 的位置，将鼠标指针放在"11"文件的尾部，当鼠标指针呈 ⊹ 状时，向前拖曳鼠标到 11:00s 的位置上，如图 12-17 所示。

图 12-16

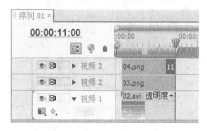

图 12-17

（7）将时间指示器放置在 09:02s 的位置，在"特效控制台"面板中展开"运动"选项，将"缩放比例"选项设为 80，展开"透明度"选项，将"透明度"选项设为 0.0%，记录第 1 个动画关键帧，如图 12-18 所示。将时间指示器放置在 09:08s 的位置，将"透明度"选项设为 100.0%，记录第 2 个动画关键帧，如图 12-19 所示。

图 12-18

（8）选择"序列 > 添加轨道"命令，弹出"添加视音轨"对话框，各选项的设置如图 12-20 所示，单击"确定"按钮，在"时间线"窗口中添加 2 条视频轨道，如图 12-21 所示。

图 12-19

图 12-20

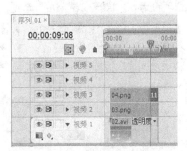

图 12-21

（9）将时间指示器放置在 02:00s 的位置，在"项目"面板中选中"05"文件并将其拖曳到"时间线"窗口中的"视频 4"轨道上，如图 12-22 所示。将时间指示器放置在 04:00s 的位置，将鼠标指针放在"05"文件的尾部，当鼠标指针呈 ┿ 状时，向前拖曳鼠标到 04:00s 的位置上，如图 12-23 所示。

（10）将时间指示器放置在 02:00s 的位置，在"特效控制台"面板中展开"运动"选项，将"位置"选项设为 377.0 和 400.0，"缩放比例"选项设为

80.0，单击"位置"选项左侧的"切换动画"按钮 ，记录第 1 个动画关键帧，如图 12-24 所示。将时间指示器放置在 03:00s 的位置，将"位置"选项设为 377.0 和 336.0，记录第 2 个动画关键帧，如图 12-25 所示。

图 12-22

图 12-23

图 12-24

图 12-25

（11）在"项目"面板中选中"06"文件并将
其拖曳到"时间线"窗口中的"视频 4"轨道上，
如图 12-26 所示。将时间指示器放置在 06:00s 的
位置，将鼠标指针放在"06"文件的尾部，当鼠标
指针呈 ◄┼► 状时，向前拖曳鼠标到 06:00s 的位置上，
如图 12-27 所示。

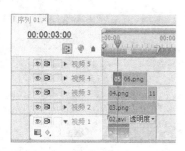

图 12-26

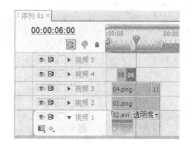

图 12-27

（12）将时间指示器放置在 04:00s 的位置，在
"特效控制台"面板中展开"运动"选项，将"位置"
选项设为 377.0 和 400.0，"缩放比例"选项设为
80.0，单击"位置"选项左侧的"切换动画"按钮 🕐，
记录第 1 个动画关键帧，如图 12-28 所示。将时间
指示器放置在 05:00s 的位置，将"位置"选项设为
377.0 和 336.0，记录第 2 个动画关键帧，如图 12-29
所示。

图 12-28

图 12-29

（13）在"项目"面板中选中"01"文件并将
其拖曳到"时间线"窗口中的"视频 5"轨道上，
如图 12-30 所示。将时间指示器放置在 06:00s 的
位置，将鼠标指针放在"01"文件的尾部，当鼠标
指针呈 ◄┼► 状时，向后拖曳鼠标到 06:00s 的位置上，
如图 12-31 所示。

图 12-30

图 12-31

（14）将时间指示器放置在 00:00s 的位置，在
"特效控制台"面板中展开"运动"选项，将"位置"
选项设为 360.0 和 341.0，"缩放比例"选项设为
300.0，单击"位置"和"缩放比例"选项左侧的"切
换动画"按钮 🕐，记录第 1 个动画关键帧，如图
12-32 所示。将时间指示器放置在 02:20s 的位置，
将"位置"选项设为 360.0 和 288.0，"缩放比例"
选项设为 80.0，记录第 2 个动画关键帧，如图 12-33
所示。

图 12-32

图 12-33

（15）选择"文件 > 新建 > 序列"命令，弹出"新建序列"对话框，选项的设置如图 12-34 所示，单击"确定"按钮，新建序列 02，其"时间线"窗口如图 12-35 所示。

图 12-34

（16）将时间指示器放置在 01:00s 的位置，在"项目"面板中选中"08"文件并将其拖曳到"时间线"窗口中的"视频 1"轨道上，如图 12-36 所示。在"时间线"窗口中选取"08"文件。在"特

效控制台"面板中展开"运动"选项，将"位置"选项设为 360.0 和 268.0，如图 12-37 所示。在"节目"窗口中预览效果，如图 12-38 所示。

图 12-35

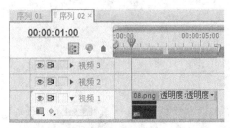

图 12-36

图 12-37

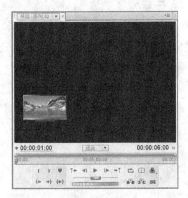

图 12-38

（17）将时间指示器放置在 03:00s 的位置，将鼠标指针放在"08"文件的尾部，当鼠标指针呈 ┿ 状

时, 向前拖曳鼠标到 03:00s 的位置上, 如图 12-39 所示。

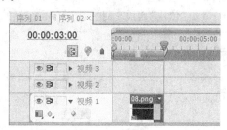

图 12-39

（18）将时间指示器放置在 01:10s 的位置, 在 "项目"面板中选中"09"文件并将其拖曳到"时间线"窗口中的"视频 2"轨道上, 如图 12-40 所示。在"时间线"窗口中选取"09"文件。在"特效控制台"面板中展开"运动"选项, 将"位置"选项设为 360.0 和 268.0, 如图 12-41 所示。在"节目"窗口中预览效果, 如图 12-42 所示。

图 12-40

图 12-41

（19）将时间指示器放置在 03:00s 的位置, 将鼠标指针放在"09"文件的尾部, 当鼠标指针呈 ┿ 状时, 向前拖曳鼠标到 03:00s 的位置上, 如图 12-43 所示。

（20）用相同的方法制作出"视频 3"轨道的效果,"节目"窗口如图 12-44 所示,"时间线"窗口如图 12-45 所示。

图 12-42

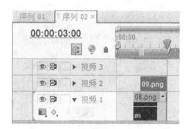

图 12-43

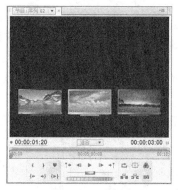

图 12-44

图 12-45

（21）选择"序列 > 添加轨道"命令, 弹出"添加视音轨"对话框, 选项的设置如图 12-46 所示, 单击"确定"按钮, 在"时间线"窗口中添加 1 条视频轨道, 如图 12-47 所示。

图 12-46

图 12-47

（22）在"项目"面板中选中"07"文件并将其拖曳到"时间线"窗口中的"视频 4"轨道上，如图 12-48 所示。将鼠标指针放在"07"文件的尾部，当鼠标指针呈 ↔ 状时，向前拖曳鼠标到 03:00s 的位置上，如图 12-49 所示。

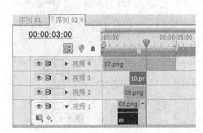

图 12-48

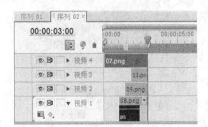

图 12-49

（23）将时间指示器放置在 00:00s 的位置，在

"特效控制台"面板中展开"运动"选项，将"位置"选项设为 1100.0 和 304.0，"缩放比例"选项设为 60.0，单击"位置"选项左侧的"切换动画"按钮 ，记录第 1 个动画关键帧，如图 12-50 所示。将时间指示器放置在 02:00s 的位置，将"位置"选项设为 232.8 和 304.0，记录第 2 个动画关键帧，如图 12-51 所示。

图 12-50

图 12-51

（24）在"时间线"窗口中选取"序列 01"。在"项目"面板中选中"序列 02"文件并将其拖曳到"时间线"窗口中的"视频 5"轨道中，如图 12-52 所示。电视机广告制作完成，效果如图 12-53 所示。

图 12-52

图 12-53

12.2 制作摄像机广告

12.2.1　案例分析

使用"字幕"命令绘制白色背景；使用"特效控制台"面板编辑图片的位置和透明度并制作成动画；使用"效果"面板制作素材之间的转场效果。

12.2.2　案例设计

本案例设计流程如图 12-54 所示。

导入制作背景

插入图片并制作动画

插入并编辑文字

最终效果

图 12-54

12.2.3　案例制作

1. 添加项目文件

（1）启动 Premiere Pro CS5 软件，弹出"欢迎使用 Adobe Premiere Pro"界面，单击"新建项目"按钮 ，弹出"新建项目"对话框，设置"位置"选项，选择保存文件的路径，在"名称"文本框中输入文件名"制作摄像机广告"，如图 12-55 所示，

图 12-55

单击"确定"按钮，弹出"新建序列"对话框，在左侧的列表中展开"DV-PAL"选项，选中"标准 48kHz"模式，如图 12-56 所示，单击"确定"按钮。

图 12-56

（2）选择"文件 > 导入"命令，弹出"导入"对话框，选择光盘中的"Ch12\制作摄像机广告\素材"目录下的"01~12"文件，单击"打开"按钮，导入文件，如图 12-57 所示。导入后的文件排列在

"项目"面板中，如图 12-58 所示。

图 12-57

图 12-58

（3）选择"文件 > 新建 > 字幕"命令，弹出"新建字幕"对话框，在"名称"文本框中输入"白色"，如图 12-59 所示，单击"确定"按钮，弹出"字幕"编辑面板。选择"矩形"工具■，在字幕窗口中绘制矩形，选择"字幕属性"面板，展开"填充"选项，将"颜色"选项设为白色，效果如图 12-60 所示。关闭"字幕"编辑面板，新建的字幕文件将自动保存到"项目"窗口中。

图 12-59

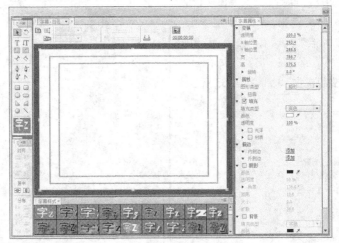

图 12-60

2. 制作文件的透明叠加

（1）在"项目"面板中选中"01"文件并将其拖曳到"时间线"窗口中的"视频 1"轨道上，如图 12-61 所示。将时间指示器放置在 04:14s 的位置，将鼠标指针放在"01"文件的尾部，当鼠标指针呈 状时，向前拖曳鼠标到 04:14s 的位置上，如图 12-62 所示。

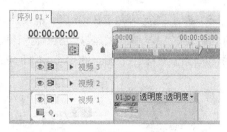

图 12-61

图 12-62

（2）在"项目"面板中选中"白色"文件并将
其拖曳到"时间线"窗口中的"视频 1"轨道上，
如图 12-63 所示。将时间指示器放置在 06:09s 的
位置，将鼠标指针放在"白色"文件的尾部，当鼠
标指针呈 ↔ 状时，向前拖曳鼠标到 06:09s 的位置
上，如图 12-64 所示。

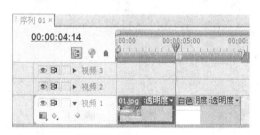

图 12-63

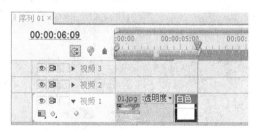

图 12-64

（3）在"项目"面板中选中"03"文件并将其
拖曳到"时间线"窗口中的"视频 2"轨道上，如
图 12-65 所示。将时间指示器放置在 04:14s 的位
置，将鼠标指针放在"03"文件的尾部，当鼠标指
针呈 ↔ 状时，向前拖曳鼠标到 04:14s 的位置上，

如图 12-66 所示。

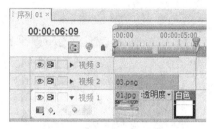

图 12-65

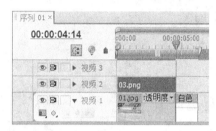

图 12-66

（4）将时间指示器放置在 00:00s 的位置，在
"特效控制台"面板中展开"运动"选项，将"位置"
选项设为 60.0 和 818.0，"旋转"选项设为 17.0°，
单击"位置"选项左侧的"切换动画"按钮 ⏱，记录
第 1 个动画关键帧，如图 12-67 所示。将时间指示器
放置在 01:05s 的位置，将"位置"选项设为 250.0
和 496.0，记录第 2 个动画关键帧，如图 12-68 所示。

图 12-67

（5）将时间指示器放置在 04:14s 的位置，在
"项目"面板中选中"12"文件并将其拖曳到"时
间线"窗口中的"视频 2"轨道上，如图 12-69 所
示。在"时间线"窗口中选取"12"文件。在"特
效控制台"面板中展开"运动"选项，将"缩放比
例"选项设为 60.0，如图 12-70 所示。在"节目"

窗口中预览效果，如图 12-71 所示。

图 12-68

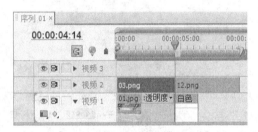

图 12-69

图 12-70

图 12-71

（6）将时间指示器放置在 06:09s 的位置，将鼠标指针放在"12"文件的尾部，当鼠标指针呈 ↔ 状时，向前拖曳鼠标到 06:09s 的位置上，如图 12-72 所示。

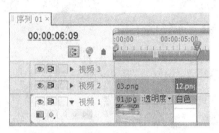

图 12-72

（7）选择"窗口＞效果"命令，弹出"效果"面板，展开"视频切换"特效分类选项，单击"擦除"文件夹前面的三角形按钮 ▶ 将其展开，选中"时钟式划变"特效，如图 12-73 所示。将"时钟式划变"特效拖曳到"时间线"窗口中的"12"文件的开始位置，如图 12-74 所示。

图 12-73

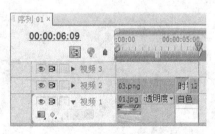

图 12-74

（8）在"项目"面板中选中"04"文件并将其拖曳到"时间线"窗口中的"视频 3"轨道上，如图 12-75 所示。将时间指示器放置在 04:14s 的位置，将鼠标指针放在"04"文件的尾部，当鼠标指针呈 ↔ 状时，向前拖曳鼠标到 04:14s 的位置上，如图 12-76 所示。

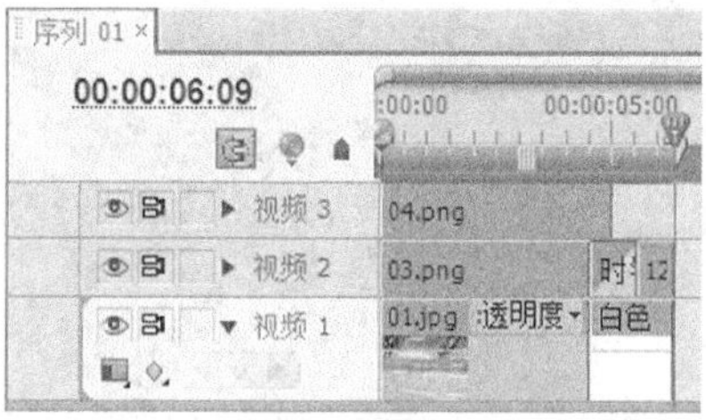

图 12-75

图 12-76

（9）将时间指示器放置在 00:00s 的位置，在"特效控制台"面板中展开"运动"选项，将"位置"选项设为–50.0 和 605.0，单击选项左侧的"切换动画"按钮 ⏱️，记录第 1 个动画关键帧，如图 12-77 所示。将时间指示器放置在 01:06s 的位置，将"位置"选项设为 186.0 和 418.0，记录第 2 个动画关键帧，如图 12-78 所示。

图 12-77

图 12-78

（10）选择"文件 > 新建 > 序列"命令，弹出"新建序列"对话框，选项的设置如图 12-79 所示，单击"确定"按钮，新建序列 02，时间线窗口如图 12-80 所示。

图 12-79

图 12-80

（11）在"项目"面板中选中"07"文件并将其拖曳到"时间线"窗口中的"视频 1"轨道上，如图 12-81 所示。将时间指示器放置在 03:00s 的位置，将鼠标指针放在"07"文件的尾部，当鼠标指针呈 🖐️ 状时，向前拖曳鼠标到 03:00s 的位置上，如图 12-82 所示。

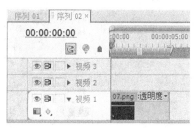

图 12-81

（12）将时间指示器放置在 0:05s 的位置，在"项目"面板中选中"08"文件并将其拖曳到"时间线"窗口中的"视频 2"轨道上，如图 12-83 所示。将时间指示器放置在 03:00s 的位置，将鼠标指针放在"08"文件的尾部，当鼠标指针呈 ⟊ 状时，向前拖曳鼠标到 03:00s 的位置上，如图 12-84 所示。

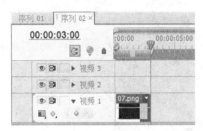

图 12-82

图 12-83

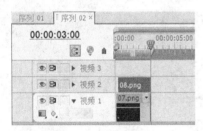

图 12-84

（13）选择"序列 > 添加轨道"命令，弹出"添加视音轨"对话框，选项的设置如图 12-85 所示，单击"确定"按钮，在"时间线"窗口中添加 2 条视频轨道，如图 12-86 所示。用相同的方法添加并编辑其他素材文件，如图 12-87 所示。

图 12-85

图 12-86

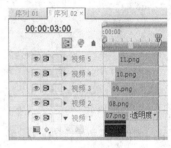

图 12-87

（14）在"时间线"窗口中选取"序列 01"。选择"序列 > 添加轨道"命令，弹出"添加视音轨"对话框，选项的设置如图 12-88 所示，单击"确定"按钮，在"时间线"窗口中添加 4 条视频轨道。

图 12-88

（15）将时间指示器放置在 02:19s 的位置，在"项目"面板中选中"序列 02"文件并将其拖曳到"时间线"窗口中的"视频 4"轨道中，如图 12-89 所示。将时间指示器放置在 04:14s 的位置，将鼠标指针放在"序列 02"文件的尾部，当鼠标指针呈 ⟊ 状时，向前拖曳鼠标到 04:14s 的位置上，如图 12-90 所示。

（16）将时间指示器放置在 02:19s 的位置，在"项目"面板中选中"06"文件并将其拖曳到"时间线"窗口中的"视频 5"轨道中，如图 12-91 所示。在"时间线"窗口中选取"06"文件。在"特效控制台"面

板中展开"运动"选项，将"位置"选项设为 410.0
和 162.0，"缩放比例"选项设为 80.0，如图 12-92
所示。在"节目"窗口中预览效果，如图 12-93 所示。

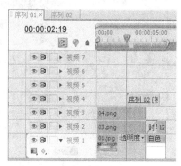

图 12-89

图 12-90

图 12-91

图 12-92

图 12-93

（17）将时间指示器放置在 04:14s 的位置，将
鼠标指针放在"06"文件的尾部，当鼠标指针呈⊣状
时，向前拖曳鼠标到 04:14s 的位置上，如图 12-94
所示。

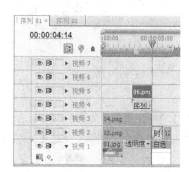

图 12-94

（18）在"效果"面板中，展开"视频切换"
特效分类选项，单击"擦除"文件夹前面的三角形
按钮▶将其展开，选中"擦除"特效，如图 12-95
所示。将"擦除"特效拖曳到"时间线"窗口中的
"06"文件的开始位置，如图 12-96 所示。选取"擦
除"特效，在"特效控制台"面板中将"持续时间"
选项设为 01:00，如图 12-97 所示。

图 12-95

图 12-96

图 12-97

（19）将时间指示器放置在 02:04s 的位置，在"项目"面板中选中"05"文件并将其拖曳到"时间线"窗口中的"视频 6"轨道中，如图 12-98 所示。在"时间线"窗口中选取"05"文件。在"特效控制台"面板中展开"运动"选项，将"位置"选项设为 435.0 和 140.0，"缩放比例"选项设为 90.0，如图 12-99 所示。在"节目"窗口中预览效果，如图 12-100 所示。

图 12-98

（20）将时间指示器放置在 04:14s 的位置，将鼠标指针放在"05"文件的尾部，当鼠标指针呈 ⊹ 状时，向前拖曳鼠标到 04:14s 的位置上，如图 12-101 所示。用上述方法添加"擦除"特效并修

改持续时间，如图 12-102 所示。

图 12-99

图 12-100

图 12-101

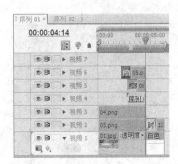

图 12-102

（21）将时间指示器放置在 00:10s 的位置，在

"项目"面板中选中"02"文件并将其拖曳到"时间线"窗口中的"视频 7"轨道上,如图 12-103 所示。将时间指示器放置在 04:14s 的位置,将鼠标指针放在"02"文件的尾部,当鼠标指针呈◄┃►状时,向前拖曳鼠标到 04:14s 的位置上,如图 12-104 所示。

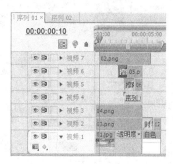

图 12-103

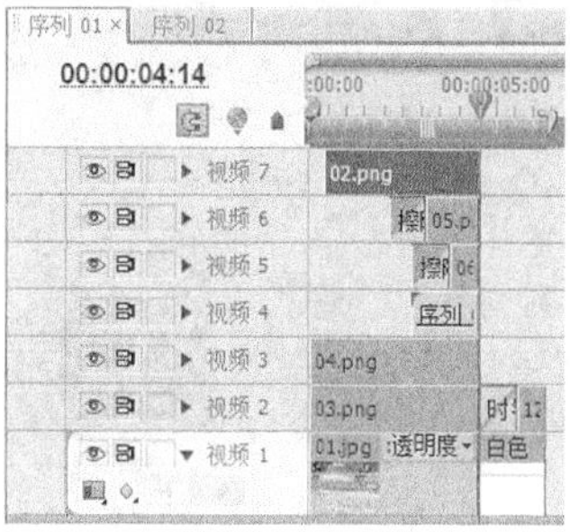

图 12-104

（22）将时间指示器放置在 00:10s 的位置,在"特效控制台"面板中展开"透明度"选项,将"透明度"选项设为 0.0%,记录第 1 个关键帧,如图 12-105 所示。将时间指示器放置在 01:10s 的位置,将"透明度"选项设为 100.0%,记录第 2 个关键帧,如图 12-106 所示。在"节目"窗口中预览效果,如图 12-107 所示。摄像机广告制作完成,效果如图 12-108 所示。

图 12-105

图 12-106

图 12-107

图 12-108

12.3　制作汉堡广告

12.3.1　案例分析

使用"字幕"命令添加并编辑文字;使用"特效控制台"面板编辑图像的位置、比例和透明度制作动画效果。使用"新建序列"和"添加轨道"命令添加新的序列和轨道。

12.3.2　案例设计

本案例设计流程如图 12-109 所示。

插入并制作动画

导入制作背景动画　　　　添加并编辑字幕　　　　　最终效果

图 12-109

12.3.3　案例制作

1. 添加项目文件

（1）启动 Premiere Pro CS5 软件，弹出"欢迎使用 Adobe Premiere Pro"界面，单击"新建项目"按钮 🗒，弹出"新建项目"对话框，设置"位置"选项，选择保存文件的路径，在"名称"文本框中输入文件名"制作汉堡广告"，如图 12-110 所示，单击"确定"按钮，弹出"新建序列"对话框，在左侧的列表中展开"DV-PAL"选项，选中"标准 48kHz"模式，如图 12-111 所示，单击"确定"按钮。

图 12-111

图 12-110

（2）选择"文件 > 导入"命令，弹出"导入"对话框，选择光盘中的"项目五\制作汉堡广告\素材"目录下的"01~08"文件，单击"打开"按钮，导入文件，如图 12-112 所示。导入后的文件排列在"项目"面板中，如图 12-113 所示。

图 12-112

（3）选择"文件 > 新建 > 字幕"命令，弹出"新建字幕"对话框，如图 12-114 所示，单击"确定"按钮，弹出"字幕"编辑面板。选择"输入"工具 Ⓣ，在字幕窗口中输入需要的文字，字幕窗口中的效果如图 12-115 所示。

（4）选择"字幕属性"面板，展开"属性"选项，设置如图 12-116 所示。展开"填充"选项，将"颜色"选项设为白色。勾选"阴影"复选框，选项的设置如图 12-117 所示。在字幕窗口中的效果如图 12-118 所示。

图 12-113

图 12-114

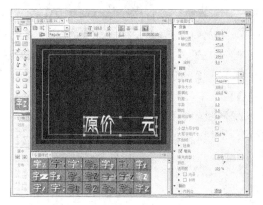

图 12-115

图 12-116

图 12-117

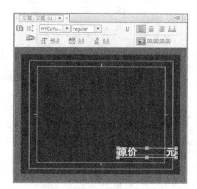

图 12-118

（5）在"项目"面板中选中"字幕 01"文件，按＜Ctrl＞+＜C＞组合键，复制文件，按＜Ctrl＞+＜V＞组合键，粘贴文件。将其重新命名为"字幕 02"并双击文件，打开"字幕"编辑窗口，选取并修改需要的文字，效果如图 12-119 所示。

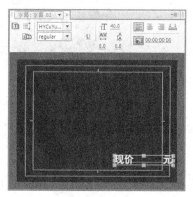

图 12-119

2. 制作图像动画

（1）在"项目"面板中选中"01"文件并将其拖曳到"时间线"窗口中的"视频 1"轨道上，如图 12-120 所示。将时间指示器放置在 04:05s 的位置，将鼠标指针放在"01"文件的尾部，当鼠标指针呈↔状时，向前拖曳鼠标到 04:05s 的位置上，如图 12-121 所示。

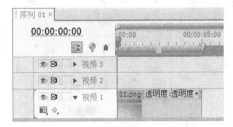

图 12-120

图 12-121

（2）在"项目"面板中选中"02"文件并将其拖曳到"时间线"窗口中的"视频 2"轨道上，如图 12-122 所示。将时间指示器放置在 02:00s 的位置，将鼠标指针放在"02"文件的尾部，当鼠标指针呈╬状时，向前拖曳鼠标到 02:00s 的位置上，如图 12-123 所示。

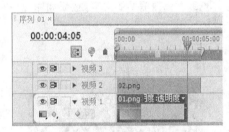

图 12-122

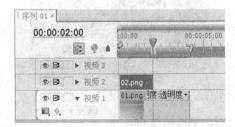

图 12-123

（3）将时间指示器放置在 00:00s 的位置，在"特效控制台"面板中展开"运动"选项，将"位置"选项设为 238.0 和 183.0，"缩放比例"选项设为 66.0，如图 12-124 所示。在"节目"窗口中预览效果，如图 12-125 所示。

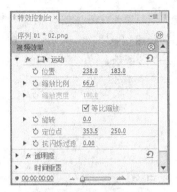

图 12-124

图 12-125

（4）展开"透明度"选项，将"透明度"选项设为 0.0%，记录第 1 个动画关键帧，如图 12-126 所示。将时间指示器放置在 00:10s 的位置，将"透明度"选项设为 100.0%，记录第 2 个动画关键帧，如图 12-127 所示。将时间指示器放置在 00:20s 的位置，将"透明度"选项设为 0.0%，记录第 3 个动画关键帧，如图 12-128 所示。

图 12-126

（5）在"项目"面板中选中"06"文件并将其拖曳到"时间线"窗口中的"视频 2"轨道上，如

图 12-129 所示。将时间指示器放置在 04:05s 的位置，将鼠标指针放在"06"文件的尾部，当鼠标指针呈 ⊣ 状时，向前拖曳鼠标到 04:05s 的位置上，如图 12-130 所示。

图 12-127

图 12-128

图 12-129

图 12-130

（6）选择"窗口 > 效果"命令，弹出"效果"面板，展开"视频切换"特效分类选项，单击"擦除"文件夹前面的三角形按钮 ▶ 将其展开，选中"擦除"特效，如图 12-131 所示。将"擦除"特效拖曳到"时间线"窗口中的"06"文件的开始位置，如图 12-132 所示。

图 12-131

图 12-132

（7）将时间指示器放置在 00:10s 的位置，在"项目"面板中选中"03"文件并将其拖曳到"时间线"窗口中的"视频 3"轨道上，如图 12-133 所示。将时间指示器放置在 02:00s 的位置，将鼠标指针放在"03"文件的尾部，当鼠标指针呈 ⊣ 状时，向前拖曳鼠标到 02:00s 的位置上，如图 12-134 所示。

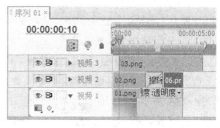

图 12-133

（8）将时间指示器放置在 00:10s 的位置，在"特效控制台"面板中展开"运动"选项，将"位置"

选项设为 484.0 和 220.0，"缩放比例"选项设为 98.0，如图 12-135 所示。在"节目"窗口中预览效果，如图 12-136 所示。

图 12-134

图 12-135

图 12-136

（9）展开"透明度"选项，将"透明度"选项设为 0.0%，记录第 1 个动画关键帧，如图 12-137 所示。将时间指示器放置在 00:20s 的位置，将"透明度"选项设为 100.0%，记录第 2 个动画关键帧，如图 12-138 所示。将时间指示器放置在 01:05s 的位置，将"透明度"选项设为 0.0%，记录第 3 个动画关键帧，如图 12-139 所示。

（10）在"项目"面板中选中"05"文件并将其拖曳到"时间线"窗口中的"视频 3"轨道上，

如图 12-140 所示。将时间指示器放置在 04:05s 的位置，将鼠标指针放在"05"文件的尾部，当鼠标指针呈 ⊬ 状时，向前拖曳鼠标到 04:05s 的位置上，如图 12-141 所示。

图 12-137

图 12-138

图 12-139

（11）选择"序列 > 添加轨道"命令，弹出"添加视音轨"对话框，选项的设置如图 12-142 所示，单击"确定"按钮，在"时间线"窗口中添加 2 条视频轨道。将时间指示器放置在 00:20s 的位置，在"项目"面板中选中"04"文件并将其拖曳到"时间线"窗口中的"视频 4"轨道上,如图 12-143 所示。

图 12-140

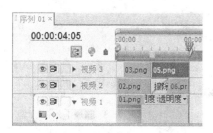

图 12-141

图 12-142

图 12-143

(12)在"时间线"窗口中的选取"04"文件,在"特效控制台"面板中展开"运动"选项,将"位置"选项设为 400.0 和 416.0,"缩放比例"选项设为 113,如图 12-144 所示。在"节目"窗口中

预览效果,如图 12-145 所示。

图 12-144

图 12-145

(13)将时间指示器放置在 02:00s 的位置,将鼠标指针放在"04"文件的尾部,当鼠标指针呈┩状时,向前拖曳鼠标到 02:00s 的位置上,如图 12-146 所示。

图 12-146

(14)将时间指示器放置在 00:20s 的位置,展开"透明度"选项,将"透明度"选项设为 0.0%,记录第 1 个动画关键帧,如图 12-147 所示。将时间指示器放置在 01:05s 的位置,将"透明度"选项设为 100.0%,记录第 2 个动画关键帧,如图 12-148

所示。将时间指示器放置在 01:15s 的位置，将"透明度"选项设为 0，记录第 3 个动画关键帧，如图 12-149 所示。

图 12-147

图 12-148

图 12-149

（15）选择"文件 > 新建 > 序列"命令，弹出"新建序列"对话框，选项的设置如图 12-150 所示，单击"确定"按钮，新建序列 02。在"项目"面板中选中"07"文件并将其拖曳到"时间线"窗口中的"视频 1"轨道上，如图 12-151 所示。

图 12-150

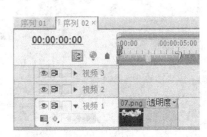

图 12-151

（16）在"时间线"窗口中选取"07"文件，在"特效控制台"面板中展开"运动"选项，将"位置"选项设为 360.0 和 30.0，单击选项左侧的"切换动画"按钮，记录第 1 个动画关键帧，如图 12-152 所示。将时间指示器放置在 0:11s 的位置，将"位置"选项设为 360.0 和 309.2，记录第 2 个动画关键帧，如图 12-153 所示。

图 12-152

（17）将时间指示器放置在 00:15s 的位置，将"位置"选项设为 360.0 和 260.0，记录第 3 个动画关键帧，如图 12-154 所示。将时间指示器放置在 00:20s 的位置，将"位置"选项设为 360.0 和 288.0，记录第 4 个动画关键帧，如图 12-155 所示。

图 12-153

图 12-154

图 12-155

（18）将时间指示器放置在 00:10s 的位置，在"项目"面板中选中"08"文件并将其拖曳到"时间线"窗口中的"视频 2"轨道上，如图 12-156 所示。在"时间线"窗口中选取"08"文件。在"特

效控制台"面板中展开"运动"选项，将"位置"选项设为 593.2 和 453.3，"缩放比例"选项设为 87.0，如图 12-157 所示，在"节目"窗口中预览效果，如图 12-158 所示。

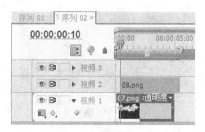

图 12-156

图 12-157

图 12-158

（19）将时间指示器放置在 01:00s 的位置，将"旋转"选项设为 180.0°，单击选项左侧的"切换动画"按钮，记录第 1 个动画关键帧，如图 12-159 所示。将时间指示器放置在 01:20s 的位置，将"旋转"选项设为 0.0°，记录第 2 个动画关键帧，如图 12-160 所示。

图 12-159

图 12-160

（20）将时间指示器放置在 00:10s 的位置，在"项目"面板中选中"字幕 01"文件并将其拖曳到"时间线"窗口中的"视频 3"轨道上，如图 12-161 所示。将时间指示器放置在 01:00s 的位置，将鼠标指针放在"字幕 01"文件的尾部，当鼠标指针呈➕状时，向前拖曳鼠标到 01:00s 的位置上，如图 12-162 所示。

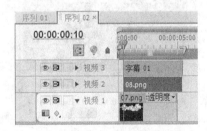

图 12-161

图 12-162

（21）在"项目"面板中选中"字幕 02"文件并将其拖曳到"时间线"窗口中的"视频 3"轨道上，如图 12-163 所示。在"节目"窗口中预览效果，如图 12-164 所示。

图 12-163

图 12-164

（22）在"时间线"窗口中选取"序列 01"。在"项目"面板中选中"序列 02"文件并将其拖曳到"时间线"窗口中的"视频 4"轨道上，如图 12-165 所示。将时间指示器放置在 04:05s 的位置，将鼠标指针放在"序列 02"文件的尾部，当鼠标指针呈➕状时，向前拖曳鼠标到 04:05s 的位置上，如图 12-166 所示。

图 12-165

（23）将时间指示器放置在 01:05s 的位置，在"项目"面板中选中"05"文件并将其拖曳到"时间线"窗口中的"视频 5"轨道上，如图 12-167 所示。将时间指示器放置在 02:00s 的位置，将鼠标指针放在"05"文件的尾部，当鼠标指针呈 ┿ 状时，向前拖曳鼠标到 02:00s 的位置上，如图 12-168 所示。

位置，将"透明度"选项设为 100.0%，记录第 2 个动画关键帧，如图 12-170 所示。汉堡广告制作完成，效果如图 12-171 所示。

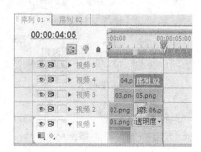

图 12-166

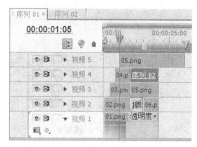

图 12-167

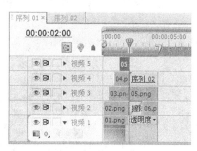

图 12-168

（24）将时间指示器放置在 01:05s 的位置，在"特效控制台"面板中展开"透明度"选项，将"透明度"选项设为 0.0%，记录第 1 个动画关键帧，如图 12-169 所示。将时间指示器放置在 01:15s 的

图 12-169

图 12-170

图 12-171

12.4 课堂练习 ——制作橙汁广告

练习知识要点

　　使用"字幕"命令添加并编辑文字；使用"特效控制台"面板编辑图像的位置、缩放比例、旋转和透明度选项制作动画效果；使用"擦除"命令制作视频之间的转场效果；使用"Alpha 辉光"特效为 06 图像添加辉光效果。橙汁广告效果如图 12-172 所示。

图 12-172

⊕ **效果所在位置**

光盘/Ch12/制作橙汁广告.prproj。

12.5 课后习题
——制作购物广告

⊕ **习题知识要点**

使用"特效控制台"面板编辑图像的位置、缩放比例和透明度选项制作动画效果；使用"擦除"命令制作视频之间的转场效果；使用"Alpha 辉光"特效为"09"图像添加辉光效果；使用"高斯模糊"特效为"05"图像添加模糊效果，并制作模糊的动画效果。购物广告效果如图 12-173 所示。

图 12-173

⊕ **效果所在位置**

光盘/Ch12/制作购物广告.prproj。

13

Chapter

第 13 章
制作电视节目

电视节目是有固定的名称、固定的播出时间、固定的节目宗旨，每期播出不同内容的节目。它能给人们带来信息、知识、乐趣和视觉享受等。本章以多个主题的电视节目为例，讲解电视节目的构思方法和制作技巧，读者通过学习可以设计制作出拥有自己独特风格的电视节目。

课堂学习目标

- 了解电视节目的构成元素
- 掌握电视节目的表现手段
- 掌握电视节目的制作技巧

13.1 制作天气预报节目

13.1.1 案例分析

使用"导入"命令导入素材图片；使用"字幕"面板制作添加预报文字；使用"游动/滚动选项"按钮制作文字的滚动效果。

13.1.2 案例设计

本案例设计流程如图 13-1 所示。

| 导入视频 | 添加并编辑字幕 | 最终效果 |

图 13-1

13.1.3 案例制作

1. 导入图片

（1）启动 Premiere Pro CS5 软件，弹出"欢迎使用 Adobe Premiere Pro"界面，单击"新建项目"按钮 🔲，弹出"新建项目"对话框，设置"位置"选项，选择保存文件的路径，在"名称"文本框中输入文件名"制作天气预报节目"，如图 13-2 所示，单击"确定"按钮，弹出"新建序列"对话框，在左侧的列表中展开"DV-PAL"选项，选中"标准 48kHz"模式，如图 13-3 所示，单击"确定"按钮。

图 13-2

图 13-3

（2）选择"文件 > 导入"命令，弹出"导入"对话框，选择光盘中的"Ch13\制作天气预报节目\素材"目录下的"01"文件，单击"打开"按钮，导入文件，如图 13-4 所示。导入后的文件排列在"项目"面板中，如图 13-5 所示。

图 13-4

图 13-5

（3）选择"文件 > 新建 > 字幕"命令，弹出"新建字幕"对话框，如图 13-6 所示，单击"确定"按钮。弹出"字幕"编辑面板，选择"输入"工

具 [T]，在字幕窗口中输入需要的文字，并设置适当的文字大小，如图 13-7 所示。

图 13-6

图 13-7

（4）选择"输入"工具 [T]，在字幕窗口中选取第一行文字，在"字幕样式"面板中选取需要的样式，如图 13-8 所示，在"字幕属性"面板中设置适当的字体，字幕窗口中的效果如图 13-9 所示。

图 13-8

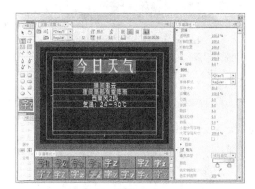

图 13-9

（5）在字幕窗口中选取其他文字，选择"字幕属性"面板，展开"属性"选项并进行参数设置，如图 13-10 所示。展开"填充"选项，设置填充颜色为白色，字幕窗口中的效果如图 13-11 所示。

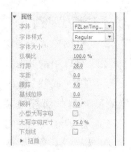

图 13-10

图 13-11

（6）单击"游动/滚动选项"按钮 [≣]，在弹出的对话框中进行设置，如图 13-12 所示，单击"确定"按钮。用相同的方法制作字幕 02 的效果，如图 13-13 所示。

图 13-12

图 13-13

2. 制作文件的叠加动画

（1）在"项目"面板中选中"01"文件并将其拖曳到"时间线"窗口中的"视频 1"轨道上，如图 13-14 所示。在"时间线"窗口中选取"01"文件，在"特效控制台"面板中展开"运动"选项，将"位置"选项设为 368.1 和 298.6，"缩放比例"选项设为 124.6，如图 13-15 所示，在"节目"窗口中预览效果，如图 13-16 所示。

图 13-14

图 13-15

图 13-16

（2）选择"素材 > 速度/持续时间"命令，在弹出的对话框中进行设置，如图 13-17 所示，单击"确定"按钮，"时间线"窗口中的效果如图 13-18

所示。

图 13-17

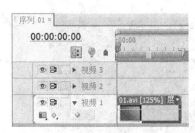

图 13-18

（3）在"项目"面板中选中"字幕 01"文件并将其拖曳到"时间线"窗口中的"视频 2"轨道上，如图 13-19 所示。将时间指示器放置在 03:00s 的位置，在"项目"面板中选中"字幕 02"文件并将其拖曳到"时间线"窗口中的"视频 3"轨道上，如图 13-20 所示。天气预报节目制作完成，在"节目"窗口中预览效果，如图 13-21 所示。

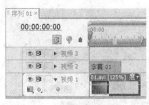

图 13-19

图 13-20

图 13-21

13.2 制作世博会节目

13.2.1 案例分析

使用"字幕"命令添加宣传文字；使用"特效控制台"面板编辑图片的位置和透明度制作动画效果；使用"效果"面板制作素材之间的转场效果。

13.2.2 案例设计

本案例设计流程如图 13-22 所示。

图 13-22

13.2.3 案例制作

1. 添加字幕

（1）启动 Premiere Pro CS5 软件，弹出"欢迎使用 Adobe Premiere Pro"界面，单击"新建项目"按钮 ，弹出"新建项目"对话框，设置"位置"选项，选择保存文件的路径，在"名称"文本框中输入文件名"制作世博会节目"，如图 13-23 所示。单击"确定"按钮，弹出"新建序列"对话框，在左侧的列表中展开"DV-PAL"选项，选中"标准 48kHz"模式，如图 13-24 所示，单击"确定"按钮。

图 13-23

图 13-24

（2）选择"文件 > 新建 > 字幕"命令，弹出"新建字幕"对话框，在"名称"文本框中输入"看"，如图 13-25 所示。单击"确定"按钮，弹出"字幕"编辑面板，选择"输入"工具 ，在字幕工作区中输入文字，其他设置如图 13-26 所示。关闭"字幕"编辑面板，新建的字幕文件自动保存到"项目"窗口中。

图 13-25

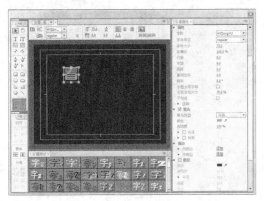

图 13-26

（3）选择"文件 > 新建 > 字幕"命令，弹出
"新建字幕"对话框，在"名称"文本框中输入"世
1"，单击"确定"按钮，弹出"字幕"编辑面板，
选择"输入"工具 T ，在字幕工作区中输入文字，
其他设置如图 13-27 所示。关闭"字幕"编辑面板，
新建的字幕文件自动保存到"项目"窗口中。用同
样的方法制作其他字幕文件，字幕文件自动保存到
"项目"窗口中，如图 13-28 所示。

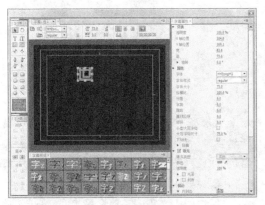

图 13-27

图 13-28

（4）将时间指示器放置在 00:00s 的位置，在"项
目"面板中选中"看"文件并将其拖曳到"视频 1"轨
道中，选择"特效控制台"面板，展开"运动"选项，
将"位置"选项设置为 461.5 和 434.6，"缩放比例"
选项设置为 200.0，"透明度"选项设置为 10.0%，单
击"位置"、"缩放比例"选项和"透明度"选项前面
的"切换动画"按钮 ，如图 13-29 所示，记录第 1
个动画关键帧。将时间指示器放置在 02.00s 的位置，
"位置"参数选项设置为 360.0、288.0，"缩放比例"
参数选项设置为 100.0，"透明度"参数选项设置为
100.0%，如图 13-30 所示，记录第 2 个动画关键帧。

图 13-29

图 13-30

（5）将时间指示器放置在 01:12s 的位置，在
"项目"面板中选中"世 1"文件并将其拖曳到"视
频 2"轨道中，选择"特效控制台"面板，展开"运
动"选项，将"位置"参数选项设置为 484.5 和
432.5，"缩放比例"参数选项设置为 200.0，"透
明度"参数选项设置为 10.0%，单击"位置"、"缩
放比例"选项和"透明度"选项前面的"切换动画"

按钮 ，如图 13-31 所示，记录第 1 个动画关键帧。将时间指示器放置在 03:12s 的位置，"位置"参数选项设置为 360.0、288.0，"缩放比例"参数选项设置为 100.0%，"透明度"参数选项设置为 100%，如图 13-32 所示，记录第 2 个动画关键帧。

图 13-31

图 13-32

（6）将时间指示器放置在 03:00s 的位置，在"项目"面板中选中"博"文件并将其拖曳到"视频 3"轨道中，选择"特效控制台"面板，展开"运动"选项，将"位置"参数选项设置为 425.1 和 438.8，"缩放比例"选项设置为 200.0，"透明度"选项设置为 10.0%，单击"位置"、"缩放比例"选项和"透明度"选项前面的"切换动画"按钮 ，如图 13-33 所示，记录第 1 个动画关键帧。将时间指示器放置在 05:00s 的位置，"位置"参数选项设置为 360.0、288.0，"缩放比例"参数选项设置为 100.0，"透明度"参数选项设置为 100.0%，如图 13-34 所示，记录第 2 个动画关键帧。

图 13-33

图 13-34

（7）选择"序列 > 添加轨道"命令，在弹出的对话框中进行设置，如图 13-35 所示。单击"确定"按钮，在"时间线"窗口中添加 3 条视频轨道，如图 13-36 所示。

图 13-35

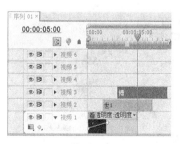

图 13-36

（8）使用同样的方法制作其他文字效果，如图 13-37 所示。将时间指示器放置在 12:01s 的位置，用鼠标将字幕文件的播放时间拖到 12:01s 的位置上，如图 13-38 所示。

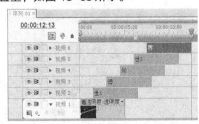

图 13-37

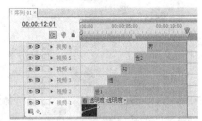

图 13-38

2. 制作影片片头

（1）选择"文件 > 新建 > 序列"命令，新建一个时间线层，在弹出的"新建序列"对话框中进行设置，如图 13-39 所示，单击"确定"按钮，新建"序列 02"。选择"文件 > 导入"命令，弹出"导入"对话框，选择光盘中的"Ch13\制作世博会节目\素材"目录下的"01"文件，单击"打开"按钮，导入视频文件。在"项目"面板中选中"01"文件并将其拖曳到"时间线"窗口中的"视频 1"轨道中，如图 13-40 所示。将时间指示器放置在 08:01s 的位置，将鼠标指针放在"01.wmv"文件的尾部，当鼠标指针呈 ↔ 状时，拖曳鼠标到 08:01s 的位置上，如图 13-41 所示。

图 13-39

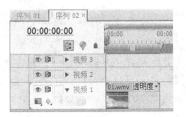

图 13-40

图 13-41

（2）在"项目"面板中选中"序列 01"文件并将其拖曳到"视频 2"轨道中，如图 13-42 所示。用鼠标右键单击"视频 2"轨道中的"序列 01"文件，在弹出的快键菜单中选择"速度/持续时间"命令，弹出"素材速度/持续时间"对话框，将"速度"参数选项设为 210%，如图 13-43 所示。"序列 01"文件播放速度加快，在"时间线"窗口中如图 13-44 所示。

图 13-42

图 13-43

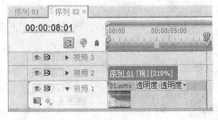

图 13-44

（3）将时间指示器放置在 05:18s 的位置，在"项目"面板中选中"看世博知世界"文件并将其拖曳到"视频 2"轨道中，将时间指示器放置在 08:01s 的位置，将鼠标指针放在"看世博知世界"文件的尾部，当鼠标指针呈┿状时，拖曳鼠标到 08:01s 的位置上，如图 13-45 所示。

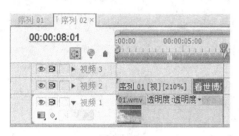

图 13-45

（4）选择"文件 > 新建 > 字幕"命令，弹出"新建字幕"对话框，在"名称"文本框中输入"世博之旅 1"，如图 13-46 所示。单击"确定"按钮，弹出"字幕"编辑面板，选择"输入"工具 T，在字幕工作区中输入文字，其他设置如图 13-47 所示。关闭"字幕"编辑面板，新建的字幕文件自动保存到"项目"窗口中。

图 13-46

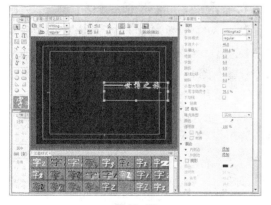

图 13-47

（5）在"项目"面板中复制"世博之旅 1"字幕

文件并将其命名为"世博之旅 2"。双击"世博之旅 1"字幕文件，弹出"字幕"编辑面板，单击"滚动/游动选项"按钮 ，在弹出的对话框中选中"滚动"单选项，在"时间（帧）"选项中勾选"开始于屏幕外"复选框，其他参数的设置如图 13-48 所示。

图 13-48

（6）将时间指示器放置在 04:12s 的位置，在"项目"面板中选中"世博之旅 1"文件并将其拖曳到"视频 3"轨道中，如图 13-49 所示。将时间指示器放置在 07:02s 的位置，选中"世博之旅 1"文件，将鼠标指针放在"世博之旅 1"文件的尾部，当鼠标指针呈┿状时，拖曳鼠标到 07:02s 的位置上，如图 13-50 所示。

图 13-49

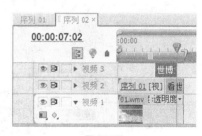

图 13-50

（7）将时间指示器放置在 05:14s 的位置，选择"特效控制台"面板，展开"透明度"选项，将"透明度"参数选项设置为 0.0%，单击"透明度"选项前面的"切换动画"按钮 ，如图 13-51 所示，记录第 1 个动画关键帧。将时间指示器放置在 07:02s 的位置，将"透明度"参数选项设置为 100.0%，如图 13-52 所示，记录第 2 个动画关键帧。

图 13-51

图 13-52

（8）在"项目"面板中选中"世博之旅 2"文件并将其拖曳到"视频 3"轨道中，如图 13-53 所示。将时间指示器放置在 08:01s 的位置，选中"世博之旅 2"文件，将鼠标指针放在"世博之旅 2"文件的尾部，当鼠标指针呈┥状时，拖曳鼠标到08:01s 的位置上，如图 13-54 所示。

图 13-53

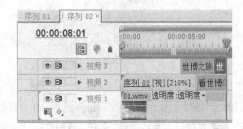

图 13-54

3. 添加素材并制作转场与特效

（1）选择"文件 > 新建 > 序列"命令，新建一个时间线层，在弹出的"新建序列"对话框中进行设置，如图 13-55 所示。选择"文件 > 导入"命令，弹出"导入"对话框，选择光盘中的"Ch13\制作世博会节目\素材"目录下的"中国馆、中国馆文字、巴西馆"文件，单击"打开"按钮，导入文件。在"项目"面板中选中"中国馆"文件并将其拖曳到"时间线"窗口中的"视频 1"轨道中，如图 13-56 所示。

图 13-55

图 13-56

（2）将时间指示器放置在 01:12s 的位置，在"项目"面板中选中"中国馆文字"文件并将其拖曳到"时间线"窗口中的"视频 2"轨道中，如图 13-57 所示。将时间指示器放置在 06:06s 的位置，将鼠标指针放在"中国馆文字.png"文件的尾部，当鼠标指针呈┥状时，拖曳鼠标到 06:06s 的位置上，如图 13-58 所示。

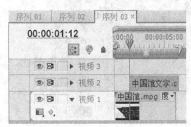

图 13-57

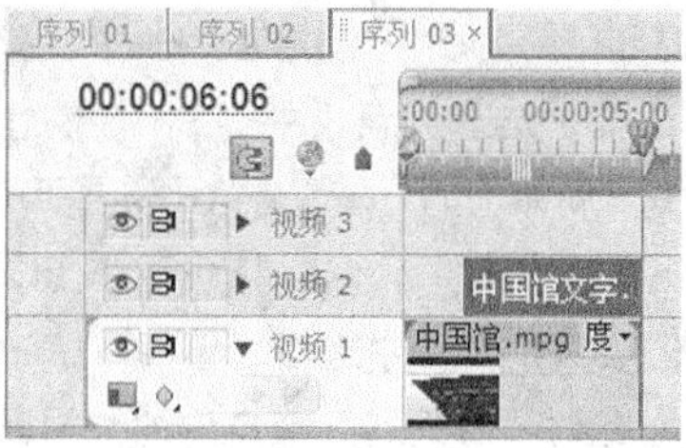

图 13-58

（3）将时间指示器放置在 01:12s 的位置，选择"特效控制台"面板，展开"运动"选项，将"位置"选项设置为 356.2 和 605.0，"缩放比例"选项设置为 27.0，单击"位置"选项前面的"切换动画"按钮⏱，如图 13-59 所示，记录第 1 个动画关键帧。将时间指示器放置在 03:24s 的位置，"位置"选项设置为 356.2 和 525.0，如图 13-60 所示，记录第 2 个动画关键帧。

图 13-59

图 13-60

（4）选择"文件 > 新建 > 字幕"命令，弹出"新建字幕"对话框，在"名称"文本框中输入"巴西馆文字"，如图 13-61 所示。单击"确定"按钮，弹出"字幕"编辑面板，选择"输入"

工具☐，在字幕工作区中输入文字并选择合适的样式，其他设置如图 13-62 所示。关闭"字幕"编辑面板，新建的字幕文件自动保存到"项目"窗口中。

图 13-61

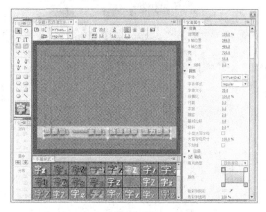

图 13-62

（5）在"项目"面板中选中"巴西馆"文件并将其拖曳到"时间线"窗口中的"视频 1"轨道中。将时间指示器放置在 07:18s 的位置，在"项目"面板中选中"巴西馆文字"文件并将其拖曳到"时间线"窗口中的"视频 2"轨道中。将鼠标指针放在文件的尾部，当鼠标指针呈❖状时，拖曳鼠标至 12:18s 的位置上，如图 13-63 所示。

图 13-63

（6）将时间指示器放置在 07:18s 的位置，选择"特效控制台"面板，将"位置"选项设置为 360.0

和 301.3，展开"透明度"选项，将"透明度"选项设置为 0，单击"透明度"选项前面的"切换动画"按钮，如图 13-64 所示，记录第 1 个动画关键帧。将时间指示器放置在 10:18s 的位置，将"透明度"选项设置为 100.0%，如图 13-65 所示，记录第 2 个动画关键帧。

图 13-64

图 13-65

（7）选择"窗口 > 效果"命令，弹出"效果"面板，展开"视频切换"特效分类选项，单击"擦除"文件夹前面的三角形按钮 ▶ 将其展开，选中"风车"特效。将"风车"特效拖曳到"时间线"窗口中的"中国馆文字"与"巴西馆文字"文件之间，如图 13-66 所示。

图 13-66

（8）选择"文件 > 导入"命令，弹出"导入"对话框，选择光盘中的"Ch13\制作世博会节目\素材"目录下的"墨西哥馆-1、墨西哥馆-2、墨西哥馆文字"文件，单击"打开"按钮，导入文件。在"项目"面板中选中"墨西哥馆-1"文件并将其拖曳到"时间线"窗口中的"视频 1"轨道中。将时间指示器放置在 13:18s 的位置，在"项目"面板中分别选中"墨西哥馆-2、墨西哥馆文字"文件并将其拖曳到"时间线"窗口中的"视频 2"和"视频 3"轨道中。将鼠标指针放在文件的尾部，当鼠标指针呈 状时，拖曳鼠标至18:14s 的位置上，如图 13-67 所示。

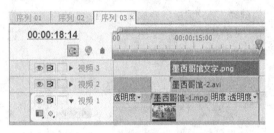

图 13-67

（9）选择"窗口 > 效果"命令，弹出"效果"面板，展开"视频特效"分类选项，单击"色彩校正"文件夹前面的三角形按钮 ▶ 将其展开，选中"色彩平衡"特效。将"色彩平衡"特效拖曳到"时间线"窗口中的"视频 1"轨道上的"墨西哥馆-1"文件上。选择"特效控制台"面板，展开"色彩平衡"特效并对参数进行设置，如图 13-68 所示。使用同样的方法调整"墨西哥馆-2"文件的颜色，设置如图 13-69 所示。

图 13-68

图 13-69

（10）将时间指示器放置在 13:18s 的位置，选择"效果"面板，展开"视频特效"分类选项，单击"键控"文件夹前面的三角形按钮 ▶ 将其展开，选中"颜色键"特效。将"颜色键"特效拖曳到"时间线"窗口中的"墨西哥馆-2"文件上。选择"特效控制台"面板，展开"颜色键"特效，参数设置如图 13-70 所示，"节目"窗口中预览效果，如图 13-71 所示。

图 13-70

图 13-71

（11）将时间指示器放置在 013:18s 的位置，选择"特效控制台"面板，展开"运动"选项，将"位置"选项设置为 196.7 和 680.9，"缩放比例"选项设置为 80.0，展开"透明度"选项，将"透明度"选项设为 0.0%，单击"位置"选项左侧的"切换动画"按钮，如图 13-72 所示，记录第 1 个动画关键帧。

图 13-72

（12）将时间指示器放置在 15：05s 的位置，将"位置"选项设置为 201.5 和 283.1，"透明度"选项设为 100.0%，记录第 2 个动画关键帧，如图 13-73 所示。将时间指示器放置在 16:15s 的位置，单击"位置"和"透明度"选项右侧的"添加/移除关键帧"按钮，记录第 3 个动画关键帧，如图 13-74 所示。将时间指示器放置在 17:19s 的位置，将"位置"选项设置为-164.2 和 124.4，"透明度"选项设为 0.0%，记录第 4 个动画关键帧，如图 13-75 所示。

图 13-73

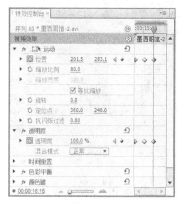

图 13-74

图 13-75

（13）将时间指示器放置在 13:18s 的位置，在"时间线"窗口中选中"墨西哥馆文字"文件，展开"运动"选项，将"位置"选项设置为 353.8 和 508.4，"缩放比例"选项设置为 27.0，如图 13-76 所示，在"节目"窗口中预览效果，如图 13-77 所示。

图 13-76

图 13-77

（14）选择"效果"面板，展开"视频切换"

特效分类选项，单击"滑动"文件夹前面的三角形按钮 ▶ 将其展开，选中"推"特效，将"推"特效拖曳到"时间线"窗口中的"墨西哥馆-1"之前，如图 13-78 所示。

图 13-78

（15）选择"文件 > 确定 > 字幕"命令，弹出"新建字幕"对话框，在"名称"文本框中输入"印度馆文字"，单击"确定"按钮，弹出"字幕"编辑面板，选择"输入"工具 T ，在字幕工作区中输入文字并选择合适的样式，展开"阴影"选项，设置阴影颜色为（其 R、G、B 值为 107、251、255），其他设置如图 13-79 所示。关闭"字幕"编辑面板，新建的字幕文件自动保存到"项目"窗口中。

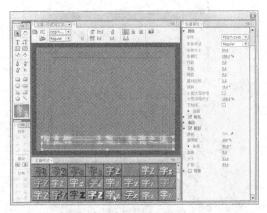

图 13-79

（16）选择"文件 > 导入"命令，弹出"导入"对话框，选择光盘中的"Ch13\制作世博会节目\素材"目录下的"印度馆-1、印度馆-2"文件，单击"打开"按钮，导入文件。在"项目"面板中选中所需的文件并将其拖曳到"时间线"窗口中的视频轨道中，如图 13-80 所示。在"墨西哥馆-1"文件与"印度馆-1"文件之间添加"带状滑动"特效，在"印度馆-1"文件与"印度馆-2"文件之间添加"交叉叠化"特效，如图 13-81 所示。

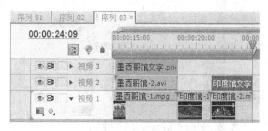

图 13-80

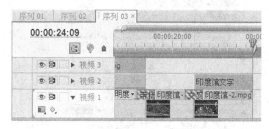

图 13-81

（17）选择"文件 > 导入"命令，弹出"导入"对话框，选择光盘中的"Ch13\制作世博会节目\素材"目录下的"斯里兰卡馆、斯里兰卡馆动画、斯里兰卡馆文字"文件，单击"打开"按钮，导入文件。在"项目"面板中选中需要的文件并将其拖曳到"时间线"窗口中的视频轨道中，如图 13-82 所示。将时间指示器放置在 31:11s 的位置，将鼠标指针放在"斯里兰卡馆文字"文件的尾部，当鼠标指针呈 ╬ 状时，拖曳鼠标到 31:11s 的位置上，如图 13-83 所示。

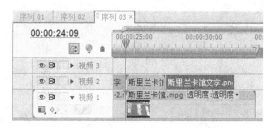

图 13-82

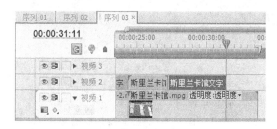

图 13-83

（18）将时间指示器放置在 27:06s 的位置，展开"运动"选项，将"位置"选项设置为 357.5 和 517.9，"缩放比例"选项设置为 27.0，如图 13-84

所示，在"节目"窗口中预览效果，如图 13-85 所示。

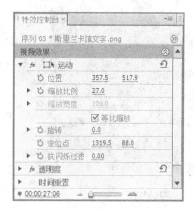

图 13-84

图 13-85

（19）选择"文件 > 新建 > 字幕"命令，弹出"新建字幕"对话框，在"名称"文本框中输入"加拿大馆文字"，如图 13-86 所示，单击"确定"按钮，弹出字幕编辑面板，选择"输入"工具 T ，在字幕工作区中输入文字并选择合适的样式，展开"阴影"选项，设置阴影颜色（其 RGB 值为 107、251、255），其他设置如图 13-87 所示。关闭字幕编辑面板，新建的字幕文件自动保存到"项目"窗口中。

图 13-86

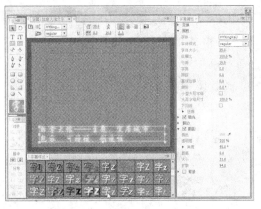

图 13-87

（20）使用同样的方法导入"加拿大馆-1"、"加拿大馆-2"、"加拿大馆-3"和"加拿大馆文字"文件并将其拖曳到"时间线"窗口中的视频轨道中，如图 13-88 所示。在"加拿大馆-1"文件与"斯里兰卡馆"文件之间添加"帘式"特效，在"加拿大馆-1"文件与"加拿大馆-2"文件之间添加"摆入"特效，在"加拿大馆-2"文件与"加拿大馆-3"文件之间添加"摆出"特效，如图 13-89所示。

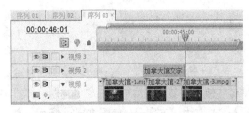

图 13-88

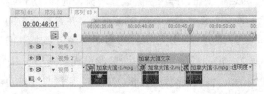

图 13-89

（21）选择"文件 > 新建 > 字幕"命令，弹出"新建字幕"对话框，在"名称"文本框中输入"俄罗斯馆文字"，单击"确定"按钮，弹出"字幕"编辑面板，选择"文字"工具 T，在字幕工作区中输入文字并选择合适的样式，其他设置如图13-90 所示。关闭"字幕"编辑面板，新建的字幕文件自动保存到"项目"窗口中。使用同样的方法制作泰国馆文字，如图 13-91 所示。

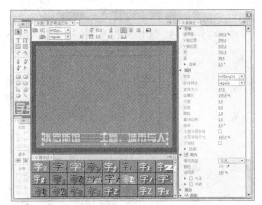

图 13-90

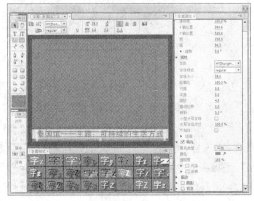

图 13-91

（22）使用同样的方法导入"俄罗斯馆"、"俄罗斯馆动画"、"泰国馆"文件，并将需要的文件添加到视频轨道中，在"加拿大馆-3"文件与"俄罗斯馆"文件之间添加"百叶窗"特效，在"俄罗斯馆文字"文件与"俄罗斯馆动画"文件之间添加"交叉叠化"特效，如图 13-92 所示。在"俄罗斯馆"文件与"泰国馆"文件之间添加"随机块"特效，如图 13-93 所示。

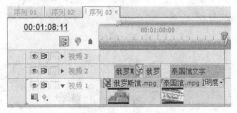

图 13-92

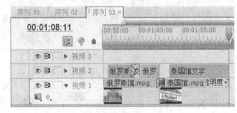

图 13-93

（23）在"视频 2"轨道中选中"泰国馆文字"文件，将时间指示器放置在 01:01:12s 的位置，选择"特效控制台"面板，展开"透明度"选项，将"透明度"选项设置为 0.0%，单击"透明度"选项前面的"切换动画"按钮，如图 13-94 所示，记录第 1 个动画关键帧。将时间指示器放置在 01:06:20s 的位置，将"透明度"选项设置为 100.0%，如图 13-95 所示，记录第 2 个动画关键帧。在"节目"窗口中预览效果，如图 13-96 所示。

图 13-94

图 13-95

图 13-96

4．制作影片片尾

（1）选择"文件 > 新建 > 序列"命令，新建一个时间线层，在弹出的"新建序列"对话框中进行设置，如图 13-97 所示，单击"确定"按钮，新建序列 04。选择"文件 > 导入"命令，弹出"导入"对话框，选择光盘中的"Ch13\制作世博会节目\素材"目录下的"世博全景"文件，单击"打开"按钮，导入视频文件。在"项目"面板中选中"世博全景"文件并将其拖曳到"视频 1"轨道中，如图 13-98 所示。

图 13-97

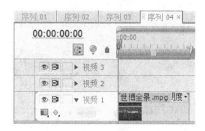

图 13-98

（2）用鼠标右键单击"视频 1"轨道中的"世博全景"文件，在弹出的菜单中选择"速度/持续时间"命令，弹出"素材速度/持续时间"对话框，将"速度"选项设为 156%，如图 13-99 所示。"世博全景"文件的播放速度加快，在"时间线"窗口中显示如图 13-100 所示。

图 13-99

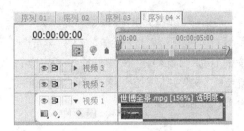

图 13-100

（3）选择"文件 > 新建 > 字幕"命令，弹出
"新建字幕"对话框，在"名称"文本框中输入"结
尾字幕"，如图 13-101 所示。单击"确定"按钮，
弹出"字幕"编辑面板，选择"输入"工具 T，在
字幕工作区中输入文字，其他设置如图 13-102 所
示。关闭"字幕"编辑面板，新建的字幕文件自动
保存到"项目"窗口中。

图 13-101

图 13-102

（4）在"项目"面板中选中"结尾字幕"文件并将
其拖曳到"视频2"轨道中，如图 13-103 所示。将时
间指示器放置在 07:00s 的位置，在"视频2"轨道上
选中"结尾字幕"文件，将鼠标指针放在"结尾字幕"
文件的尾部，当鼠标指针呈 ↔ 状时，向后拖曳鼠标到
07:00s 的位置上，如图 13-104 所示。

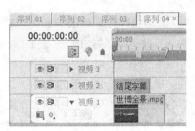

图 13-103

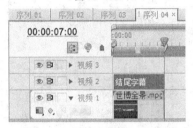

图 13-104

（5）将时间指示器放置在 00:00s 的位置，选择"窗
口 > 效果"命令，弹出"效果"面板，展开"视频特
效"分类选项，单击"透视"文件夹前面的三角形按钮
▶ 将其展开，选中"斜面 Alpha"特效，如图 13-105
所示。将"斜面 Alpha"特效拖曳到"时间线"窗口中
的"结尾字幕"层上。选择"特效控制台"面板，展开
"斜面 Alpha"特效并进行参数设置，如图 13-106 所
示。在"节目"窗口中预览效果，如图 13-107 所示。

图 13-105

图 13-106

图 13-107

（6）将时间指示器放置在 00:00s 的位置，选择"效果"面板，展开"视频特效"分类选项，单击"色彩校正"文件夹前面的三角形按钮 ▶ 将其展开，选中"更改颜色"特效，如图 13-108 所示。将"更改颜色"特效拖曳到"时间线"窗口中的"片尾字幕"文件上。选择"特效控制台"面板，展开"更改颜色"特效并进行参数设置，单击"色相变换"选项前面的"切换动画"按钮，如图 13-109 所示，记录第 1 个关键帧。在"节目"窗口中预览效果，如图 13-110 所示。

图 13-108

图 13-109

图 13-110

（7）将时间指示器放置在 00:15s 的位置，将"色相变换"选项设置为 314.0，如图 13-111 所示。记录第 2 个关键帧。在"节目"窗口中预览效果，如图 13-112 所示。

图 13-111

图 13-112

（8）选择"效果"面板，展开"视频特效"分类选项，单击"过渡"文件夹前面的三角形按钮 ▶ 将其展开，选中"百叶窗"特效，如图 13-113 所示。将"百叶窗"特效拖曳到"时间线"窗口中的"结尾字幕"层上，如图 13-114 所示。

图 13-113

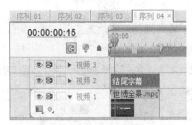

图 13-114

（9）将时间指示器放置在 00:00s 的位置，选择
"特效控制台"面板，展开"百叶窗"特效并进行参数
设置，单击"过渡完成"选项前面的"切换动画"按
钮，如图 13-115 所示，记录第 1 个关键帧。将时
间指示器放置在 00:15s 的位置，将"过渡完成"选项
设置为 0%，如图 13-116 所示。记录第 2 个关键帧。
在"节目"窗口中预览效果，如图 13-117 所示。

图 13-115

（10）将时间指示器放置在 06:12s 的位置，在"时
间线"窗口中选中"世博全景"文件，选择"特效控
制台"面板，展开"透明度"选项，单击"透明度"
选项右侧的"添加/移除关键帧"按钮，如图 13-118
所示，记录第 1 个动画关键帧。将时间指示器放置在
07:00s 的位置，将"透明度"选项设置为 0.0%，如
图 13-119 所示，记录第 2 个动画关键帧。

图 13-116

图 13-117

图 13-118

图 13-119

（11）使用同样的方法为"视频 2"轨道中的"结
尾字幕"文件添加透明度效果，在"时间线"面板
中显示如图 13-120 所示。

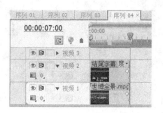

图 13-120

（12）选择"文件 > 新建 > 序列"命令，新建一个时间线层，在弹出的"新建序列"对话框中进行设置，如图 13-121 所示，单击"确定"按钮，新建序列 05。在"项目"面板中选中"序列 02、序列 03、序列 04"文件并将其拖曳到"视频 1"轨道中，在"音频 1"轨道中会自动生成"序列 02、序列 03、序列 04"层，如图 13-122 所示。

图 13-121

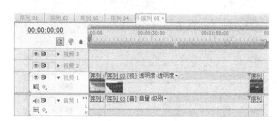

图 13-122

（13）选择"窗口 > 工作区 > 效果"命令，弹出"效果"面板，展开"视频切换"特效分类选项，单击"叠化"文件夹前面的三角形按钮 ▶ 将其展开，选中"白场过渡"特效，将其特效拖曳到"时间线"窗口中的"序列 03"文件开始位置，如图 13-123 所示。在"节目"窗口中预览效果，如图 13-124 所示。

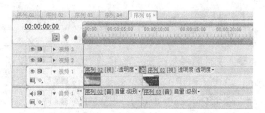

图 13-123

图 13-124

13.3 制作烹饪节目

13.3.1　案例分析

使用"字幕"命令添加标题及介绍文字；使用"特效控制台"面板编辑图像的位置、缩放比例和透明度制作动画效果。使用"添加轨道"命令添加新轨道。

13.3.2　案例设计

本案例设计流程如图 13-125 所示。

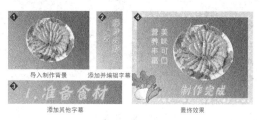

图 13-125

13.3.3　案例制作

1. 添加项目文件

（1）启动 Premiere Pro CS5 软件，弹出"欢迎使用 Adobe Premiere Pro"界面，单击"新建

项目"按钮 ，弹出"新建项目"对话框，设置"位置"选项，选择保存文件的路径，在"名称"文本框中输入文件名"制作烹饪节目"，如图 13-126 所示，单击"确定"按钮，弹出"新建序列"对话框，在左侧的列表中展开"DV-PAL"选项，选中"标准 48kHz"模式，如图 13-127 所示，单击"确定"按钮。

图 13-126

图 13-127

（2）选择"文件 > 导入"命令，弹出"导入"对话框，选择光盘中的"Ch13\制作烹饪节目\素材"目录下的"01~06"文件，单击"打开"按钮，导入文件，如图 13-128 所示。导入后的文件排列在"项目"面板中，如图 13-129 所示。

图 13-128

图 13-129

（3）选择"文件 > 新建 > 字幕"命令，弹出"新建字幕"对话框，如图 13-130 所示，单击"确定"按钮，弹出字幕编辑面板。选择"垂直文字"工具，在字幕窗口中输入需要的文字，分别选取文字，在"字幕属性"面板中进行设置，在"字幕"编辑窗口中的效果如图 13-131 所示。用相同的方法输入其他文字。

图 13-130

2. 制作图像动画

（1）在"项目"面板中选中"01"文件并将其拖曳到"时间线"窗口中的"视频 1"轨道

上，如图 13-132 所示。将时间指示器放置在 06:15s 的位置，将鼠标指针放在"01"文件的尾部，当鼠标指针呈 ╋ 状时，向后拖曳鼠标到 06:15s 的位置上，如图 13-133 所示。

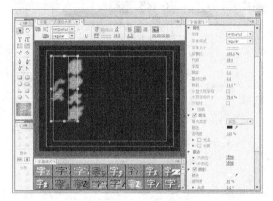

图 13-131

图 13-132

图 13-133

（2）在"项目"面板中选中"04、05、01"文件并分别将其拖曳到"时间线"窗口中的"视频 1"轨道上，如图 13-134 所示。将时间指示器放置在 19:10s 的位置，将鼠标指针放在"01"文件的尾部，当鼠标指针呈 ╋ 状时，向前拖曳鼠标到 19:10s 的位置上，如图 13-135 所示。

图 13-134

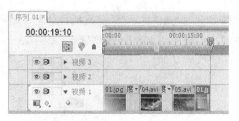

图 13-135

（3）选择"窗口 > 效果"命令，弹出"效果"面板，展开"视频切换"特效分类选项，单击"滑动"文件夹前面的三角形按钮 ▶ 将其展开，选中"推"特效，如图 13-136 所示。将"推"特效拖曳到"时间线"窗口中的"04"文件的结束位置和"05"文件的开始位置，如图 13-137 所示。

图 13-136

图 13-137

（4）将时间指示器放置在 03:15s 的位置，在"项目"面板中选中"1.准备食材"文件并将其拖曳到"时间线"窗口中的"视频 2"轨道上，如图 13-138 所示。将时间指示器放置在 06:15s 的位置，将鼠标指针放在"1.准备食材"文件的尾部，当鼠标指针呈 ╋ 状时，向后拖曳鼠标到 06:15s 的位置上，如图 13-139 所示。

（5）在"项目"面板中选中"2.爆炒 5 分钟"文件并将其拖曳到"时间线"窗口中的"视频 2"轨道上，如图 13-140 所示。将时间指示器放置在 12:15s 的位置，将鼠标指针放在"2.

爆炒 5 分钟"文件的尾部，当鼠标指针呈 ┿ 状时，向前拖曳鼠标到 12:15s 的位置上，如图 13-141 所示。

图 13-138

图 13-139

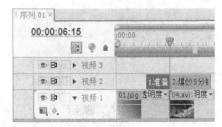

图 13-140

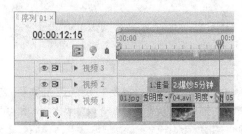

图 13-141

（6）在"项目"面板中选中"3.装盘"文件并将其拖曳到"时间线"窗口中的"视频 2"轨道上，如图 13-142 所示。将时间指示器放置在 16:15s 的位置，将鼠标指针放在"3.装盘"文件的尾部，当鼠标指针呈 ┿ 状时，向后拖曳鼠标到 16:15s 的位置上，如图 13-143 所示。

（7）在"项目"面板中选中"制作完成"文件

并将其拖曳到"时间线"窗口中的"视频 2"轨道上，如图 13-144 所示。将时间指示器放置在 19:10s 的位置，将鼠标指针放在"制作完成"文件的尾部，当鼠标指针呈 ┿ 状时，向后拖曳鼠标到 19:10s 的位置上，如图 13-145 所示。

图 13-142

图 13-143

图 13-144

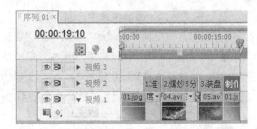

图 13-145

（8）在"效果"面板中展开"视频切换"特效分类选项，单击"擦除"文件夹前面的三角形按钮 ▶ 将其展开，选中"擦除"特效，如图 13-146 所示。将"擦除"特效分别拖曳到"时间线"窗口中的"1.准备食材"文件的开始位置、"2.爆炒 5 分钟"文件的开始位置、"3.装盘"文件的开始位置、"3.装盘"文件的结束位置和"制作完成"文件的开始位置,如图 13-147所示。

图 13-146

图 13-147

（9）将时间指示器放置在 02:01s 的位置,在"项目"面板中选中"广式爆炒大虾"文件并将其拖曳到"时间线"窗口中的"视频 3"轨道上,如图 13-148 所示。将时间指示器放置在 03:15s 的位置,将鼠标指针放在"广式爆炒大虾"文件的尾部,当鼠标指针呈 状时,向前拖曳鼠标到 03:15s 的位置上,如图 13-149所示。

图 13-148

（10）将时间指示器放置在 04:14s 的位置,在"项目"面板中选中"食材说明"文件并将其拖曳到"时间线"窗口中的"视频 3"轨道上,如图 13-150

所示。将时间指示器放置在 06:15s 的位置,将鼠标指针放在"食材说明"文件的尾部,当鼠标指针呈 状时,向前拖曳鼠标到 06:15s 的位置上,如图 13-151 所示。

图 13-149

图 13-150

图 13-151

（11）将时间指示器放置在 17:01s 的位置,在"项目"面板中选中"02"文件并将其拖曳到"时间线"窗口中的"视频 3"轨道上,如图 13-152所示。在"时间线"窗口中选取"02"文件。在"特效控制台"面板中展开"运动"选项,将"位置"选项设为 421.0 和 256.0,如图 13-153 所示。在"节目"窗口中预览效果,如图 13-154所示。将时间指示器放置在 19:10s 的位置,将鼠标指针放在"02"文件的尾部,当鼠标指针呈 状时,向前拖曳鼠标到 19:10s 的位置上,如图 13-155所示。

（12）在"效果"面板中展开"视频切换"特效分类选项,单击"擦除"文件夹前面的三角形按

钮▶将其展开，选中"插入"特效，如图 13-156
所示。将"插入"特效拖曳到"时间线"窗口中的
"广式爆炒大虾"文件的开始位置，如图 13-157
所示。

图 13-152

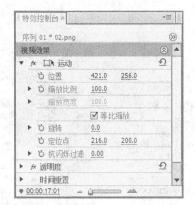

图 13-153

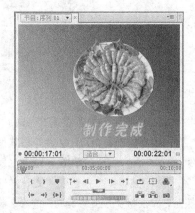

图 13-154

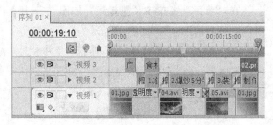

图 13-155

图 13-156

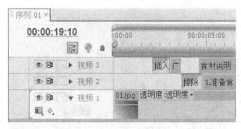

图 13-157

（13）在"效果"面板中展开"视频切换"特
效分类选项，单击"缩放"文件夹前面的三角形按
钮▶将其展开，选中"缩放"特效，如图 13-158
所示。将"缩放"特效拖曳到"时间线"窗口中的
"02"文件的开始位置，如图 13-159 所示。

图 13-158

图 13-159

（14）选择"序列 > 添加轨道"命令，弹出"添

加视音轨"对话框, 选项的设置如图 13-160 所示, 单击 "确定" 按钮, 在 "时间线" 窗口中添加 2 条视频轨道, 如图 13-161 所示。

图 13-160

图 13-161

（15）在 "项目" 面板中选中 "02" 文件并将其拖曳到 "时间线" 窗口中的 "视频 4" 轨道上, 如图 13-162 所示。将时间指示器放置在 03:15s 的位置, 将鼠标指针放在 "02" 文件的尾部, 当鼠标指针呈➕状时, 向前拖曳鼠标到 03:15s 的位置上, 如图 13-163 所示。

图 13-162

图 13-163

（16）将时间指示器放置在 00:00s 的位置, 在 "特

效控制台" 面板中展开 "运动" 选项, 将 "位置" 选项设为-165.2 和 286.8, "缩放比例" 选项设为 90.0, 单击 "位置" 选项左侧的 "切换动画" 按钮◎, 记录第 1 个动画关键帧, 如图 13-164 所示。将时间指示器放置在 02:00s 的位置, 将 "位置" 选项设为 410.0 和 250.8, 记录第 2 个动画关键帧, 如图 13-165 所示。

图 13-164

图 13-165

（17）将时间指示器放置在 04:14s 的位置, 在 "项目" 面板中选中 "03" 文件并将其拖曳到 "时间线" 窗口中的 "视频 4" 轨道上, 如图 13-166 所示。将时间指示器放置在 06:15s 的位置, 将鼠标指针放在 "03" 文件的尾部, 当鼠标指针呈➕状时, 向前拖曳鼠标到 06:15s 的位置上, 如图 13-167 所示。

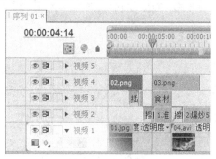

图 13-166

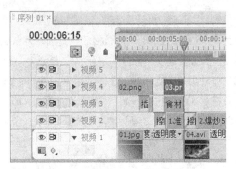

图 13-167

（18）将时间指示器放置在 04:14s 的位置，在"特效控制台"面板中展开"运动"选项，将"位置"选项设为 481.0 和 245.0，"缩放比例"选项设为 50，展开"透明度"选项，将"透明度"选项设为 0.0%，记录第 1 个动画关键帧，如图 13-168 所示。将时间指示器放置在 05:15s 的位置，将"透明度"选项设为 100.0%，记录第 2 个动画关键帧，如图 13-169 所示。

图 13-168

图 13-169

（19）将时间指示器放置在 18:05s 的位置，在

"项目"面板中选中"美味可口"文件并将其拖曳到"时间线"窗口中的"视频 4"轨道上，如图 13-170 所示。将时间指示器放置在 19:10s 的位置，将鼠标指针放在"美味可口"文件的尾部，当鼠标指针呈 ↔ 状时，向前拖曳鼠标到 19:10s 的位置上，如图 13-171 所示。

图 13-170

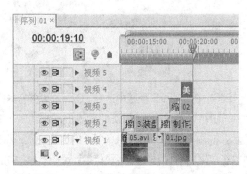

图 13-171

（20）在"项目"面板中选中"06"文件并将其拖曳到"时间线"窗口中的"视频 5"轨道上，如图 13-172 所示。将时间指示器放置在 19:10s 的位置，将鼠标指针放在"06"文件的尾部，当鼠标指针呈 ↔ 状时，向前拖曳鼠标到 19:10s 的位置上，如图 13-173 所示。烹饪节目制作完成，在"节目"窗口中预览效果，如图 13-174 所示。

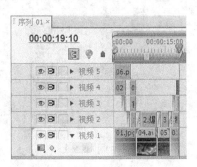

图 13-172

图 13-173

图 13-175

图 13-174

13.4 课堂练习

——制作环球博览节目

🔍 **练习知识要点**

使用 "字幕" 命令添加并编辑文字；使用 "特效控制台" 面板编辑视频的位置、缩放比例和透明度制作动画效果；使用不同的转场命令制作视频之间的转场效果；使用 "旋转扭曲" 特效为 03 视频添加变形效果，并制作旋转扭曲的动画效果；使用 "RGB 曲线" 特效调整 08 视频的色彩。环球博览节目效果如图 13-175 所示。

🔍 **效果所在位置**

光盘/Ch13/制作环球博览节目.prproj。

13.5 课后习题

——制作花卉赏析节目

🔍 **习题知识要点**

使用 "字幕" 命令添加并编辑文字；使用 "特效控制台" 面板编辑视频的位置、缩放比例和透明度制作动画效果；使用不同的转场命令制作视频之间的转场效果；使用 "高斯模糊" 特效为 06 视频添加高斯模糊效果，并制作高斯模糊的动画效果；使用 "RGB 曲线" 特效调整 03 视频的色彩。花卉赏析节目效果如图 13-176 所示。

图 13-176

🔍 **效果所在位置**

光盘/Ch13/制作花卉赏析节目.prproj。

14

Chapter

第 14 章
制作音乐 MV

音乐 MV 即 Music Video，是对音乐进行读解的同用画面呈现的一种艺术类型。它并非只是局限在电视上，还可以单独发行影碟，或者通过手机、网络的方式发布。本章以多个主题的音乐 MV 为例，讲解音乐 MV 的构思方法和制作技巧，读者通过学习可以设计制作出精彩独特的音乐 MV。

课堂学习目标

- 了解音乐 MV 的组成元素
- 掌握音乐 MV 的设计思路
- 掌握音乐 MV 的制作技巧

14.1 制作歌曲 MV

14.1.1 案例分析

使用"导入"命令导入素材图片；使用"特效控制台"面板编辑图片的位置、缩放比例和透明度制作动画；使用"效果"面板添加视频特效。

14.1.2 案例设计

本案例设计流程如图 14-1 所示。

添加转场特效

添加音频

最终效果

图 14-1

14.1.3 案例制作

1. 导入图片

（1）启动 Premiere Pro CS5 软件，弹出"欢迎使用 Adobe Premiere Pro"界面，单击"新建项目"按钮 📄，弹出"新建项目"对话框，设置"位置"选项，选择保存文件的路径，在"名称"文本框中输入文件名"制作歌曲 MV"，如图 14-2 所示，单击"确定"按钮，弹出"新建序列"对话框，在左侧的列表中展开"DV-PAL"选项，选中"标准 48kHz"模式，如图 14-3 所示，单击"确定"按钮。

图 14-2

（2）选择"文件 > 导入"命令，弹出"导入"对话框，选择光盘中的"Ch14\制作歌曲 MV\素材"

目录下的"01~08"文件，单击"打开"按钮，导入文件，如图 14-4 所示。导入后的文件排列在"项目"面板中，如图 14-5 所示。

图 14-3

图 14-4

图 14-5

（3）选择"文件 > 新建 > 字幕"命令，弹出"新建字幕"对话框，在"名称"文本框中输入"新年好"，如图 14-6 所示，单击"确定"按钮，弹出"字幕"编辑面板。选择"输入"工具 T，在字幕窗口中输入需要的文字，在"字幕样式"面板中选择适当的文字样式，选择"字幕属性"面板，展开"属性"选项并进行参数设置，字幕窗口中的效果如图 14-7 所示。

图 14-6

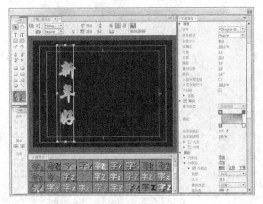

图 14-7

2. 制作文件的叠加动画

（1）在"项目"面板中选中"01"文件并将其拖曳到"时间线"窗口中的"视频 1"轨道上，如

图 14-8 所示。将时间指示器放置在 06:07s 的位置，将鼠标指针放在"01"文件的尾部，当鼠标指针呈 ⊹ 状时，向前拖曳鼠标到 06:07s 的位置上，如图 14-9 所示。用相同的方法添加其他文件到"时间线"窗口中，并调整到适当的位置上，效果如图 14-10 所示。

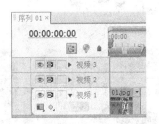

图 14-8

图 14-9

图 14-10

（2）将时间指示器放置在 00:00s 的位置。在"时间线"窗口中选择"01"文件。选择"特效控制台"面板，展开"运动"选项，将"位置"选项设为 373.0 和 288.0，"缩放比例"选项设为 120.0，如图 14-11 所示。在"节目"窗口中预览效果，如图 14-12 所示。

图 14-11

图 14-12

（3）将时间指示器放置在 06:07s 的位置，在"时间线"窗口中选择"02"文件。选择"特效控制台"面板，展开"运动"选项，将"缩放比例"选项设为69.1，单击"缩放比例"选项左侧的"切换动画"按钮，记录第 1 个动画关键帧，如图 14-13 所示。将时间指示器放置在 06:20s 的位置，将"缩放比例"选项设为 50.0，记录第 2 个动画关键帧，如图 14-14 所示。

图 14-13

图 14-14

（4）将时间指示器放置在 07:18s 的位置。在"时间线"窗口中选择"03"文件。选择"特效控制台"面板，展开"运动"选项，将"缩放比例"

选项设为 101.0，如图 14-15 所示。在"节目"窗口中预览效果，如图 14-16 所示。

图 14-15

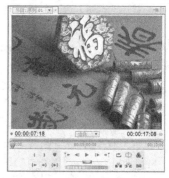

图 14-16

（5）将时间指示器放置在 09:03s 的位置，在"时间线"窗口中选择"04"文件。选择"特效控制台"面板，展开"运动"选项，将"缩放比例"选项设为 300.0，将"旋转"选项设为-60.0，单击"缩放比例"和"旋转"选项左侧的"切换动画"按钮，记录第 1 个动画关键帧，如图 14-17 所示。将时间指示器放置在 11:00s 的位置，将"缩放比例"选项设为 100.0，"旋转"选项设为 0.0°，记录第 2 个动画关键帧，如图 14-18 所示。

图 14-17

图 14-18

（6）将时间指示器放置在 14:12s 的位置，在"时间线"窗口中选择"06"文件。选择"特效控制台"面板，展开"运动"选项，将"缩放比例"选项设为 90.0，单击"缩放比例"选项左侧的"切换动画"按钮 ，记录第 1 个动画关键帧，如图 14-19 所示。将时间指示器放置在 17:08s 的位置，将"缩放比例"选项设为 30.0，记录第 2 个动画关键帧，如图 14-20 所示。

图 14-19

（7）选择"窗口 > 效果"命令，弹出"效果"面板，展开"视频切换"特效分类选项，单击"擦除"文件夹前面的三角形按钮 ▶ 将其展开，选中"百叶

窗"特效，如图 14-21 所示。将"软百叶窗"特效拖曳到"时间线"窗口中的"02"文件的结束位置和"03"文件的开始位置，如图 14-22 所示。用相同的方法在其他位置添加特效，如图 14-23 所示。

图 14-20

图 14-21

图 14-22

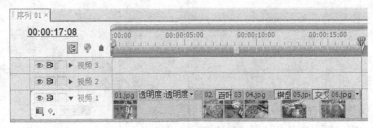

图 14-23

（8）在"项目"面板中选中"08"文件并将其拖曳到"时间线"窗口中的"视频 2"轨道上，如图 14-24 所示。将鼠标指针放在"08"文件的尾部，当鼠标指针呈┿状时，向前拖曳鼠标到 17:08s 的位置上，如图 14-25 所示。

图 14-24

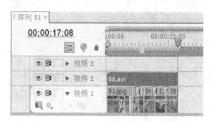

图 14-25

（9）将时间指示器放置在 05:00s 的位置，在"特效控制台"面板中展开"运动"选项，将"位置"选项设为 360.0 和 500.0，展开"透明度"选项，将"透明度"选项设为 0.0%，记录第 1 个动画关键帧，如图 14-26 所示。将时间指示器放置在 06:07s 的位置，将"透明度"选项设为 100.0%，记录第 2 个动画关键帧，如图 14-27 所示。

图 14-26

（10）在"效果"面板中，展开"视频特效"分类选项，单击"键控"文件夹前面的三角形按钮▶将其展开，选中"蓝屏键"特效，如图 14-28 所示。将"蓝屏键"特效拖曳到"时间线"窗口中的"08"

文件上。在"特效控制台"面板中展开"蓝屏键"特效，选项的设置如图 14-29 所示，在"节目"窗口中预览效果，如图 14-30 所示。

图 14-27

图 14-28

图 14-29

图 14-30

（11）在"效果"面板中，展开"视频切换"分类选项，单击"叠化"文件夹前面的三角形按钮▶将其展开，选中"交叉叠化"特效，如图 14-31 所示。将"交叉叠化"特效拖曳到"时间线"窗口中的"08"文件的开始位置，如图 14-32 所示。

图 14-31

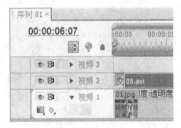

图 14-32

（12）在"项目"面板中选中"新年好"文件并将其拖曳到"时间线"窗口中的"视频 3"轨道上，如图 14-33 所示。将时间指示器放置在 06:11s 的位置，将鼠标指针放在"新年好"文件的尾部，当鼠标指针呈 状时，向后拖曳鼠标到 06:11s 的位置上，如图 14-34 所示。

图 14-33

（13）将时间指示器放置在 02:00s 的位置，在"特效控制台"面板中展开"透明度"选项，单击右侧的"添加/删除关键帧"按钮 ，记录第 1 个动画关键帧，如图 14-35 所示。将时间指示器放置在

06:11s 的位置，将"透明度"选项设为 0.0%，记录第 2 个动画关键帧，如图 14-36 所示。

图 14-34

图 14-35

图 14-36

（14）在"项目"面板中选中"07"文件并将其拖曳到"时间线"窗口中的"音频 1"轨道上。将时间指示器放置在 17:08s 的位置，将鼠标指针放在"07"文件的尾部，当鼠标指针呈 状时，向前拖曳鼠标到 17:08s 的位置上，如图 14-37 所示。

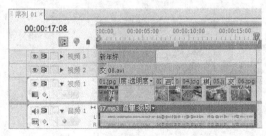

图 14-37

（15）将时间指示器放置在 16:00s 的位置，在"特效控制台"面板中，单击"级别"选项右侧的"添加/删除关键帧"按钮 ，记录第 1 个动画

关键帧,如图 14-38 所示。将时间指示器放置在 17:08s 的位置,将"级别"选项设为-24.3,记录第 2 个动画关键帧,如图 14-39 所示。歌曲 MV 制作完成,在"节目"窗口中的预览效果如图 14-40 所示。

图 14-38

图 14-39

图 14-40

14.2 制作卡拉 OK

14.2.1 案例分析

使用"字幕"命令添加字幕和图形;使用"特效控制台"面板编辑图片的位置和音频制作动画;使用"效果"面板制作素材之间的转场特效。

14.2.2 案例设计

本案例设计流程如图 14-41 所示。

添加并编辑字幕　　插入并编辑音频

最终效果

图 14-41

14.2.3 案例制作

1. 添加项目文件

(1)启动 Premiere Pro CS5 软件,弹出"欢迎使用 Adobe Premiere Pro"界面,单击"新建项目"按钮 📄 ,弹出"新建项目"对话框,设置"位置"选项,选择保存文件的路径,在"名称"文本框中输入文件名"制作卡拉 OK",如图 14-42 所示,单击"确定"按钮,弹出"新建序列"对话框,在左侧的列表中展开"DV-PAL"选项,选中"标准 48kHz"模式,如图 14-43 所示,单击"确定"按钮。

图 14-42

图 14-43

（2）选择"文件 > 导入"命令，弹出"导入"对话框，选择光盘中的"Ch14\制作卡拉 OK\素材"目录下的"01~09"文件，单击"打开"按钮，导入文件，如图 14-44 所示。导入后的文件排列在"项目"面板中，如图 14-45 所示。

图 14-44

图 14-45

（3）选择"文件 > 新建 > 字幕"命令，弹出"新建字幕"对话框，设置如图 14-46 所示，单击"确定"按钮，弹出"字幕"编辑面板。选择"输入"工具 T，在字幕窗口中输入需要的文字，在"字幕属性"面板中设置适当的文字样式，在字幕窗口中的效果如图 14-47 所示。用相同的方法制作"字幕 02"。

图 14-46

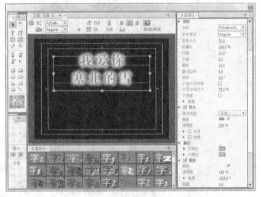

图 14-47

（4）选择"文件 > 新建 > 字幕"命令，弹出"新建字幕"对话框，设置如图 14-48 所示，单击"确定"按钮，弹出字幕编辑面板。选择"椭圆形"工具 ⬭，在字幕窗口中绘制圆形，在"字幕属性"面板中设置适当的颜色，字幕窗口中的效果如图 14-49 所示。

图 14-48

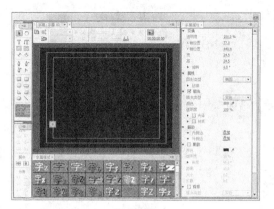

图 14-49

2. 制作文件的透明叠加

（1）在"项目"面板中选中"01"文件并将其拖曳到"时间线"窗口中的"视频 1"轨道上，如图 14-50 所示。选择"素材 > 速度/持续时间"命令，弹出"素材速度/持续时间"对话框，设置如图 14-51 所示，单击"确定"按钮，"时间线"窗口如图 14-52 所示。将时间指示器放置在 22:09s 的位置，将鼠标指针放在"01"文件的尾部，当鼠标指针呈 ⊹ 状时，向前拖曳鼠标到 22:09s 的位置上，如图 14-53 所示。

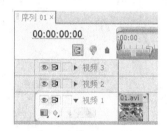

图 14-50

图 14-51

（2）用相同的方法在"时间线"窗口中添加其他文件，并调整各自的播放时间，如图 14-54 所示。

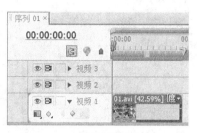

图 14-52

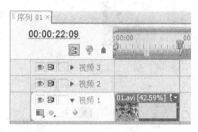

图 14-53

图 14-54

（3）将时间指示器放置在 00:00s 的位置。选中"时间线"窗口中的"01"文件。选择"窗口 > 效果"命令，弹出"效果"面板，展开"视频特效"分类选项，单击"色彩校正"文件夹前面的三角形按钮 ▶ 将其展开，选中"亮度曲线"特效，如图 14-55 所示。将"亮度曲线"特效拖曳到"时间线"窗口中的"01"文件上。

图 14-55

（4）在"特效控制台"面板中展开"亮度曲线"特效，在"亮度变形"框中添加节点并将其拖曳到适当的位置，其他选项的设置如图 14-56 所示。在

"节目"窗口中预览效果，如图 14-57 所示。

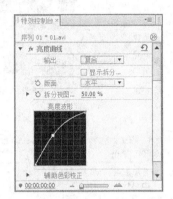

图 14-56

图 14-57

（5）将时间指示器放置在 37:09s 的位置，选中"时间线"窗口中的"04"文件。在"特效控制台"面板中展开"运动"选项，将"缩放比例"选项设为 110.0，单击"缩放比例"选项左侧的"切换动画"按钮 ，记录第 1 个动画关键帧，如图 14-58 所示。将时间指示器放置在 41:17s 的位置，将"缩放比例"选项设为 81.0，记录第 2 个动画关键帧，如图 14-59 所示。

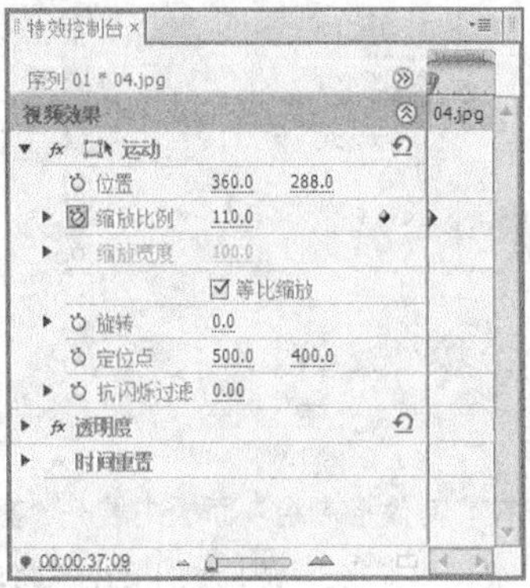

图 14-58

图 14-59

（6）将时间指示器放置在 51:18s 的位置，选中"时间线"窗口中的"07"文件。在"特效控制台"面板中展开"运动"选项，将"位置"选项设为 50.0 和 288.0，单击选项左侧的"切换动画"按钮 ，记录第 1 个动画关键帧，如图 14-60 所示。将时间指示器放置在 01:03:20s 的位置，将"位置"选项设为 660.0 和 288.0，记录第 2 个动画关键帧，如图 14-61 所示。

图 14-60

图 14-61

（7）在"效果"面板中展开"视频切换"分类

选项，单击"叠化"文件夹前面的三角形按钮 ▶ 将其展开，选中"交叉叠化"特效，如图 14-62 所示。将"交叉叠化"特效拖曳到"时间线"窗口中的"01"

图 14-62

文件的结束位置和"02"文件的开始位置，如图 14-63 所示。用相同的方法为其他文件添加适当的切换特效，效果如图 14-64 所示。

图 14-63

（8）在"项目"面板中选中"08"文件并将其拖曳到"时间线"窗口中的"视频 2"轨道上，如图 14-65 所示。

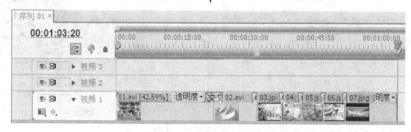

图 14-64

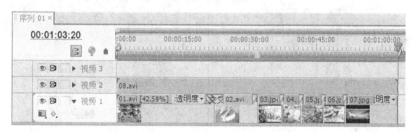

图 14-65

（9）将时间指示器放置在 00:00s 的位置，选中"时间线"窗口中的"08"文件。在"特效控制台"面板中展开"运动"选项，将"位置"选项设为 271.0 和 500.0，"缩放比例"选项设为 70.0，如图 14-66 所示。在"节目"窗口中预览效果，如图 14-67 所示。

（10）将时间指示器放置在 10:00s 的位置。在"特效控制台"面板中展开"透明度"选项，将"透明度"选项设为 0.0%，记录第 1 个动画关键帧，如图 14-68 所示。将时间指示器放置在 11:00s 的位置。将"透明度"选项设为 100.0%，记录第 2 个动画关键帧，如图 14-69 所示。

图 14-66

图 14-67

图 14-68

图 14-69

图 14-70

图 14-71

图 14-72

（11）在"效果"面板中展开"视频特效"分类选项，单击"键控"文件夹前面的三角形按钮 ▶ 将其展开，选中"蓝屏键"特效，如图 14-70 所示。将"蓝屏键"特效拖曳到"时间线"窗口中的"08"文件上。在"节目"窗口中预览效果，如图 14-71 所示。

（12）选择"文件 > 新建 > 序列"命令，弹出"新建序列"对话框，选项的设置如图 14-72 所示，单击"确定"按钮，新建序列 02，时间线窗口如图 14-73 所示。

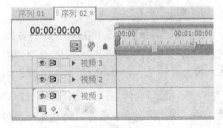

图 14-73

（13）在"项目"面板中选中"字幕 03"文件并将其拖曳到"时间线"窗口中的"视频 1"轨道上，如图 14-74 所示。将时间指示器放置在 03:00s 的位置，将鼠标指针放在"字幕 03"文件的尾部，当鼠标指针呈 ✛ 状时，向前拖曳鼠标到 03:00s 的位置上，如图 14-75 所示。

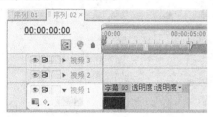

图 14-74

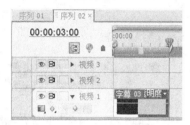

图 14-75

（14）将时间指示器放置在 01:00s 的位置，在"项目"面板中选中"字幕 03"文件并将其拖曳到"时间线"窗口中的"视频 2"轨道上，如图 14-76 所示。将时间指示器放置在 03:00s 的位置，将鼠标指针放在"字幕 03"文件的尾部，当鼠标指针呈 ✛ 状时，向前拖曳鼠标到 03:00s 的位置上，如图 14-77 所示。用相同的方法再次在"视频 3"轨道上添加"字幕 03"文件，如图 14-78 所示。

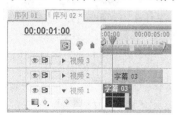

图 14-76

图 14-77

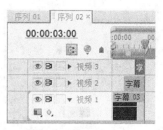

图 14-78

（15）将时间指示器放置在 01:00s 的位置。选中"时间线"窗口中"视频 2"轨道上的"字幕 03"文件。在"特效控制台"面板中展开"运动"选项，将"位置"选项设为 400.0 和 288.0，如图 14-79 所示。在"节目"窗口中预览效果，如图 14-80 所示。

图 14-79

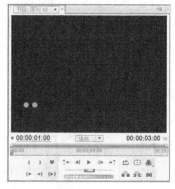

图 14-80

（16）将时间指示器放置在 02:00s 的位置。选中"时间线"窗口中"视频 3"轨道上的"字幕 03"文件。在"特效控制台"面板中展开"运动"选项，将"位置"选项设为 440.0 和 288.0，如图 14-81 所示。在"节目"窗口中预览效果，如图 14-82 所示。

图 14-81

图 14-82

（17）将时间指示器放置在 10:00s 的位置，在"时间线"窗口中选取"序列 01"。在"项目"面板中选中"序列 02"文件并将其拖曳到"时间线"窗口中的"视频 3"轨道中，如图 14-83 所示。选择"序列 > 添加轨道"命令，弹出"添加视音轨"对话框，选项的设置如图 14-84 所示，单击"确定"按钮，在"时间线"窗口中添加 2 条视频轨道。

图 14-83

（18）将时间指示器放置在 04:00s 的位置，在"项目"面板中选中"字幕 02"文件并将其拖曳到"时间线"窗口中的"视频 4"轨道上，如图 14-85 所示。在"项目"面板中选中"字幕 01"文件并将其拖曳到"时间线"窗口中的"视频 5"轨道上。将时

间指示器放置在 10:00s 的位置，将鼠标指针放在"字幕 01"文件的尾部，当鼠标指针呈 ✛ 状时，向前拖曳鼠标到 10:00s 的位置上，如图 14-86 所示。

图 14-84

图 14-85

图 14-86

（19）在"效果"面板中展开"视频切换"分类选项，单击"擦除"文件夹前面的三角形按钮 ▷ 将其展开，选中"擦除"特效，如图 14-87 所示。将"擦除"特效拖曳到"时间线"窗口中的"字幕 01"文件的开始位置。在"时间线"窗口中选取"擦除"特效，在"特效控制台"面板中将"持续时间"选项设为 04:00，如图 14-88 所示。

（20）在"项目"面板中选中"09"文件并将其拖曳到"时间线"窗口中的"音频 1"轨道上。将时间指示器放置在 01:03:20s 的位置，将鼠标指

针放在"09"文件的尾部，当鼠标指针呈 ↔ 状时，向前拖曳鼠标到 01:03:20s 的位置上，如图 14-89 所示。

图 14-87

图 14-88

图 14-89

（21）将时间指示器放置在 00:00s 的位置，在"特效控制台"面板中，将"级别"选项设为 -100.0，记录第 1 个动画关键帧，如图 14-90 所示。将时间指示器放置在 04:00s 的位置，将"级别"选项设为 0.0，记录第 2 个动画关键帧，如图 14-91 所示。将时间指示器放置在 01:00:20s 的位置，单击"级别"选项右侧的"添加/删除关键帧"按钮 ，记录第 3 个动画关键帧，如图 14-92 所示。将时间指示器放置在 01:03:20s 的位置，将"级别"选项设为 -200.0，记录第 4 个动画关键帧，如图 14-93 所示。卡拉 OK 制作完成，在"节目"窗口中预览效果如图 14-94 所示。

图 14-91

图 14-90

图 14-92

图 14-93

图 14-94

14.3 课堂练习
——制作儿歌 MV

练习知识要点

使用"字幕"命令添加并编辑文字；使用"特效控制台"面板编辑视频的位置、缩放比例、旋转和透明度制作图片和音频的动画效果；使用"效果"面板制作素材之间的转场和特效。儿歌 MV 效果如图 14-95 所示。

效果所在位置

光盘/Ch14/制作儿歌 MV.prproj。

图 14-95

14.4 课后习题
——制作英文诗歌

习题知识要点

使用"字幕"命令添加并编辑文字；使用"特效控制台"面板编辑视频的位置、缩放比例、透明度制作图片和文字的动画效果；使用"效果"面板制作素材之间的转场特效。英文诗歌效果如图 14-96 所示。

图 14-96

效果所在位置

光盘/Ch14/制作英文诗歌.prproj。